Sitzungsberichte
der Akademie der Wissenschaften
der DDR
Mathematik – Naturwissenschaften – Technik

14N

1982

Berthold Knauer

Fortschritte auf dem Gebiet der Konstruktionsplaste

AKADEMIE-VERLAG · BERLIN

Sitzungsberichte
der Akademie der Wissenschaften
der DDR
Mathematik — Naturwissenschaften — Technik

Jahrgang 1982 · Nr. 14/N

Berthold Knauer

Fortschritte auf dem Gebiet der Konstruktionsplaste

AKADEMIE-VERLAG · BERLIN
1983

Vortrag von Prof. Dr.-Ing. Dr. rer. oec. Berthold Knauer, Technische Universität Dresden, gehalten vor der Klasse Werkstoffforschung und der AG Technische Wissenschaften der AdW der DDR am 17. Januar 1980 (Aktualisierte Fassung vom 22. Dezember 1981)

Herausgegeben im Auftrage
des Präsidenten der Akademie
der Wissenschaften der DDR
von Vizepräsident Prof. Dr. Heinrich Scheel

ISSN 0138-3956
Erschienen im Akademie-Verlag, DDR 1086 Berlin, Leipziger Str. 3-4

Lizenznummer: 202 · 100/79/82
Printed in the German Democratic Republic
Gesamtherstellung: VEB Druckhaus Köthen
LSV 3015
Bestellnummer: 763 150 4 (2010/82/14/N)
DDR 5,— M

1. Problemstellung

Hochpolymere Werkstoffe haben während der vergangenen Jahrzehnte einen beachtlichen Platz in der Wissenschaft und Wirtschaft erlangt. Dies zeigt sich in der Entwicklung der Makromolekularen Chemie, sowie der Viskoelastizität als eigenständige Disziplinen und bei den konstruktiven und technologischen Wissenschaften durch die rasche Erweiterung ihrer Elemente und Verfahren. Die Fertigungsprozesse und die Produkte der Konsumgüterindustrie, der Elektrotechnik—Elektronik, des Maschinenbaues, des Bauwesens und die moderne Landwirtschaft werden im nationalen und internationalen Maßstab auch durch die Anwendung von Polymeren geprägt. Nun führen aber neue Randbedingungen (Verfügbarkeit, Kosten) seit Mitte der 70er Jahre bei der Energiebereitstellung in volkswirtschaftlichen Maßstäben auch zu pessimistischen Auffassungen über die Entwicklungsperspektiven der Plastwerkstoffe. Genannt wurden dabei die in einigen Jahrzehnten erschöpften Erdölvorräte, wobei diese im Weltmaßstab gegenwärtig wesentlichste Herstellungsgrundlage für Plaste sind und daß der Kostenanstieg bei Rohöl (bei OPEC-Ländern auf das 20fache innerhalb von 10 Jahren) unumkehrbar sei.

Diese material- und energieökonomischen Aspekte haben jedoch auch technisch-naturwissenschaftliche Komponenten, die als Höherveredlung, Gebrauchswertsteigerung und Leichtbau entgegengesetzte Wirkung auslösen. Besonders muß man auch hervorheben, daß - wenn man den Energieeinsatz zur Werkstoffherstellung und Verarbeitung betrachtet - die metallischen Werkstoffe wesentlich stärker betroffen werden [1]. Ferner kann dank einer größeren Zahl von alternativen Lösungswegen und Naturressourcen zur Bereitstellung von Energie und Trägern atomaren Kohlenstoffes von einer langfristig gegebenen Verfügbarkeit der Hochpolymeren ausgegangen werden [2] [3]. Natürlich sind dazu beachtliche Investitionen erforderlich. Die eigentlichen Fragen müssen deshalb darin gesehen werden, ob die technisch-ökonomischen Vorteile aus konkreten Plastanwendungen schneller als die wachsenden Aufwendungen zur Materialbereitstellung ansteigen können. Dabei ist zu beachten, daß die Bewertung weniger aus einer volkswirtschaftlichen Konkurrenz von Konstruktionswerkstoffen untereinander abgeleitet werden kann, sondern diese erst über die Variantenentwicklung bei Bauelementen, Baugruppen und Erzeugnis-

linien zuverlässig ermittelt werden können. Auf dieser mehr betrieblichen Ebene spiegeln sich Entwicklungsaufgaben im Sinne „Werkstoff nach Maß“ kaum wider, es wird entsprechend der Verfügbarkeit gearbeitet. Bei den Werkstoffkosten wird danach infolge der rationellen Fertigungsverfahren mit etwa 50–70% des Gesamtaufwandes gerechnet [4]. Die Gesamtkosten werden bei der Variantenentwicklung und Werkstoffauswahl vom Konstrukteur entscheidend beeinflußt, wobei allgemein in der sogenannten metallverarbeitenden Industrie mit einem konstruktionsbedingten Kostenanteil von 60–80% geplant wird.
Die im volkswirtschaftlichen Maßstab zählenden Fortschritte auf dem Gebiet der Konstruktionsplaste sind also an Vorlaufforschung bei thermischen, chemischen und mechanisch-physikalischen Eigenschaften gebunden und darüber hinausgehend stark mit dem Energie- und Masseeinsatz, der Formgebung sowie der Fertigung bei Einzelerzeugnissen gekoppelt. Diese Wechselwirkungen von volkswirtschaftlichen und betrieblichen Ebenen, von Werkstoffherstellern und -anwendern lassen bei veränderter Material- und Energieökonomie Raum für vielfältige Substitutions- und Resubstitutionsprozesse, auf die vorausschauend reagiert werden soll.

2. Grundwerkstoffe

2.1. Begriffsbestimmung

Im vorliegenden Beitrag werden auf der Basis von ingenieurwissenschaftlichen Arbeiten technisch abgesicherte Lösungswege im Bereich der konstruktiven Plastanwendung vorgestellt.

Dabei soll entsprechend der entstandenen Begriffswelt bei Plastwerkstoffen von Massen-, Konstruktions- und Spezialplasten gesprochen werden. Von Konstruktionsplasten ist dann die Rede, wenn sie einem mittleren Kostenniveau zuordenbar und zur Aufnahme langzeitiger, mechanischer, thermischer, Reibungs- und Verschleiß-Beanspruchungen in einem solchen Grade geeignet sind, daß der Flächen- bzw. Volumenbedarf im Verhältnis zu klassischen Konstruktionswerkstoffen nicht eine ganze Größenordnung überschreitet. Danach ergibt sich, daß zu Konstruktionsplasten bei den Thermoplasten PP, SAN, ABS, PMMA, PETP, PC, POM, PA, PPO, PBTP sowie bei den meist verstärkten oder gestreckten Duroplasten PF, MF, UP, EP, PUR gezählt werden können.

Nicht gefolgt wird damit einer Einteilung des Gebietes in Massen- und Technische Plaste, da technische Anwendungen nur einen Teil der konstruktiven Beanspruchungen abdecken, d.h. außerhalb der Konsumsphäre stehen und andererseits einige Spezialplaste mit „exotischen“ Eigenschaften und „astronomischen“ Preisen nur unter Zugrundelegung eines nichtwirtschaftlichen Primats (z.B. Leistungssport) zeitweilig Gegenstand der Technik sind.

Mit der Hervorhebung von kritischen Hauptbeanspruchungen kann es jedoch dazu kommen, daß z.B. PTFE bei bevorzugter tribologischer Belastung noch als Konstruktionsplaste, bei ausschließlich mechanischer Beanspruchung als Spezialplast angesehen werden muß. Auch bei PVC, als einem klassischen Massenplast, können Fälle auftreten, wo z.B. die hohe Medienbeanspruchbarkeit bei Sonderanwendungen den Begriff Konstruktionsplast rechtfertigt. Dies mag ungenau erscheinen, aber die Zuordnung nur nach wenigen Kenngrößen (Zugfestigkeit, E-Modul, Bruchdehnung) oder gar nur einem Wert vorzunehmen, würde dem Wesen der komplexen Funktionserfüllung bei der Konstruktion widersprechen. In [5] werden dementsprechend auch 6 Kenngrößenfonds zur Werkstoffvorauswahl und zur Dimensionierung bei langzeitiger, thermischer, tribologischer sowie dynamischer Beanspruchung in Verbindung mit der Verarbeitung und ökonomischen Bewertung vorgestellt. Für Konstruktionsplaste müssen zu den entsprechenden Kenngrößen die Kennwerte als Zahlenangaben vom Werkstoffhersteller bereitgestellt werden. Sorgfältig sollte dabei zwischen Richt-, Mittel-, Norm- und Rechenwerten unterschieden werden [6]. Ihre Speicherung und Bereitstellung ist ein Teil der rechnergestützten Konstruktion.

Im Beitrag werden als plastwerkstofftypische Optimierungsmöglichkeiten das

- Verstärken
- Strecken
- Schäumen (bes. Struktur- und Integralschaum)

angesprochen. Die Abgrenzung zwischen Strecken und Verstärken geschieht dabei in der Weise, daß mit dem ersten Begriff die erweiterte Nutzung der polymeren Basis durch anorganische und organische „Billigmacher" bei Erhöhung des Gesamtvolumens bzw. der produzierten Plastmasse angesprochen wird. Beim Verstärken geht es um mechanisch-physikalische Eigenschaftsverbesserungen im Komplex mit der konstruktiven Funktionserfüllung. Durch diese Festlegung kann der zunehmend unklare Begriff „Füllstoffe" völlig entfallen, denn die heute noch darunter teilweise erfaßten Stoffe stellen keineswegs nur „Billigmacher" des Grundwerkstoffes dar, sondern erbringen entschiedene Verbesserungen von verarbeitungs- und anwendungstechnischen Eigenschaften.

2.2. Werkstoffaufkommen

Die Weltplastproduktion hat in der Zeit zwischen 1950 und 1970 ein beachtliches Wachstum erfahren, wobei meist in 5 Jahren eine Verdoppelung eintrat. Bei der volumenbezogenen Darstellung in Abb. 1 wird deutlich, daß in dieser Phase die Elast- und Aluminiumerzeugung mehrfach überschritten und etwa die Hälfte der Rohstahlerzeugung erreicht wurde. Das von verschie-

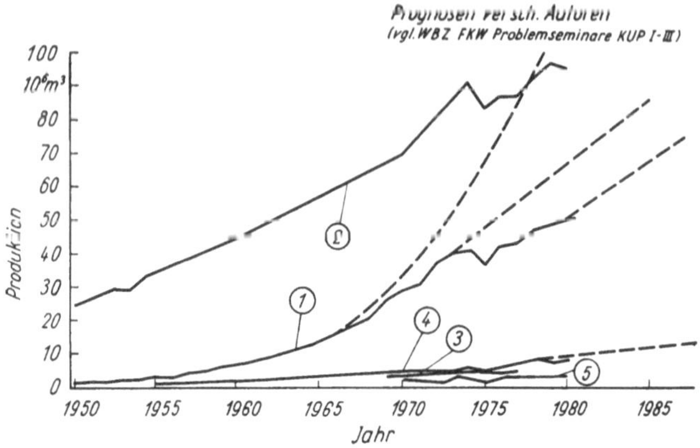

Abb. 1 Volumenbezogener Werkstoffvergleich 1950–1985 (Weltmaßstab)
1 Plasterzeugung
2 Rohstahlerzeugung
3 Hüttenalminiumerzeugung
4 synth. Kautschuk
5 Naturkautschuk
Quellen: Stat. Jahrb. DDR 1980, Stat. Jahrb. BRD 1980, Swiss Plastics 2 (1980)

denen Autoren für die 80er Jahre vorausgesagte Überschreiten der Weltstahlproduktion ist nicht eingetreten. (Unter den spezifischen Wirtschaftsbedingungen der DDR kam es jedoch bereits 1975 dazu [7].) Generell wirken sich bei den Kurven auf Abb. 1 die Krisenerscheinungen der kapitalistischen Länder um 1973/74, 1979/81 bestimmend aus. Um die Entwicklung in sozialistischen Ländern besser abheben zu können, wurde in Abb. 2 die massebezogene Plastproduktion dargestellt. (Die zwischenzeitlich bekanntgewordenen Angaben in den Fünfjahrplänen 81/85 der UdSSR und DDR wurden nachträglich aufgenommen). Es zeigen sich für die UdSSR und die DDR analog zu den anderen sozialistischen Ländern Wachstumsziele innerhalb von 5 Jahren auf 130–160%. Aus den Kurven der Abb. 1 und 2 ergibt sich aber auch ein sehr differenziertes Länderniveau im Pro-Kopf-Aufkommen bzw. bei der Entwicklung des spezifischen Materialeinsatzes. Generell weisen die Abb. 1 und 2 auf den Übergang vom exponentiellen zum schwachen linearen Wachstum der Plastproduktion und damit auf veränderte Triebkräfte ab 1975, d.h. den Wegfall der Initialfunktion bei einer bestimmten Werkstoffgruppe, hin. Bei der Untersetzung der Plastproduktion nach den drei Hauptgruppen zeigt sich, daß dies für Massenplaste gilt, während die mit 10–15% volumen- und mengenmäßig nicht so ins Gewicht fallenden Konstruktionsplaste auch zwischen 1968/75 und 74/81 Verdoppelungen aufweisen. (In Verbindung mit den steigenden Erlösen bei Konstruktionsplasten werden auch aus dieser internationalen Entwicklung Schlußfolgerungen für eine Strategie nach „höherveredelten Produkten“ in der DDR gezogen.)

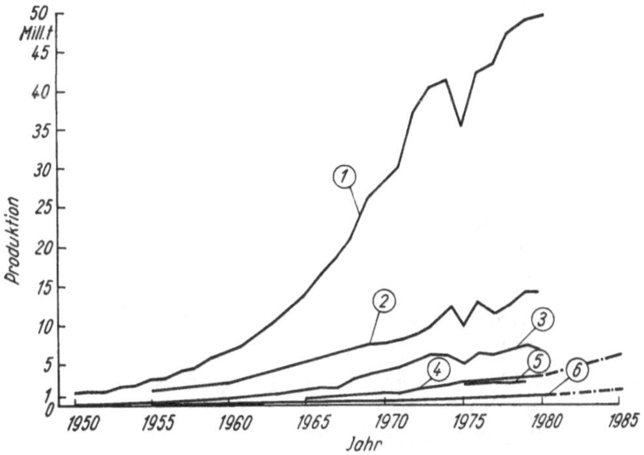

Abb. 2 Plastproduktion 1950–1985 nach Ländern
1 Welt 2 USA 3 BRD 4 UdSSR*) 5 Italien 6 DDR*)
Quellen: Stat. Jahrb. 1980, Stat. Jharb. BRD 1980, Protokolle des XXVI. Parteitages der KPdSU sowie des X. Parteitages der SED

*) einschließlich Elaste ab 1981 Planbeschluß

2.3. Sortimente und Anforderungsbereiche

Die hochpolymeren Werkstoffe sind als ein im Vergleich zu anderen Konstruktionsmaterialien sehr differenziertes Gebiet anzusehen. Im Informationssystem für Werkstoffe der DDR werden z.B. 1200 Plast- und 400 Elasttypen im Vergleich zu 500 Stahlarten, 370 metallischen Gußwerkstoffen und 120 technischen Keramiken geführt.

In Tab. 1 wird die Aufkommensstruktur der DDR nach Plast-Hauptgruppen dargestellt. Im Vergleich zu anderen Ländern sind der hohe Anteil von mehr als 30% des gesamten Plast- und Elastaufkommens bei PVC und das Fehlen einer eigenen Produktion bei verstärkten und modifizierten PP, PVC–ABS-Compounds, von Polycarbonat, POM, Polyamid 11, Polyamid 12, PPO, „PUR-R-RIM", Fluorelastomere u.a. anzumerken. Dies hat zu einer teilweisen erheblichen Importabhängigkeit und zu Rückständen bei der Erzeugnisentwicklung geführt. Gleichzeitig sind Bemühungen um eigenständige Modifizierungen bei vorhandenen Produkten im Gange, um bei der Reibungs- und Verschleißminderung, der spezifischen Festigkeit, der Zuverlässigkeit und der Fertigungszeit durch den Plasteinsatz die Gebrauchswerteigenschaften zu verbessern und die Exportmöglichkeiten zu erhöhen.

Tabelle 1 Konstruktionsplaste und ihr Anteil am Sortiment (DDR)

Werkstoffgruppen	Eigenaufkommen t/a				
	Kurzzeichen	>100000	50000–100000	10000–50000	<10000
Massenplaste					
Polyethylen niedr. Dichte	PE-ND	×			
Polystyren	PS			×	
Polyvinylchlorid	PVC	×			
Phenol-Kreselharze	PF, CF		×		
Aminoplaste	UF, MF		×		
Konstruktionsplaste					
Polyethylen hoher Dichte	PE-HD			×	
(Polypropylen)	(PP)			×	
Ethylenvinylacetat-Copol.	EVA			×	
Polystyren-Copolym.	(SAN)ABS				×
Polymethacrylate	PMMA				×
Polyethylenterephthalate	PETP				×
(Polycarbonat)	(PC)				×
(Polybutylenterephthalate)	(PBTP)				≪
Ethylen-Norbornen-Cop.	„Miranoren“				≪
(Polyoximethylen)	(POM)				×
Polyamid 6	PA 6			×	
(Sonst. Polyamide)	(PA 11, PA12)				×
(Polytetrafluoräthylen)	(PTFE)				≪
(Polysulfon)	(PL)				×
(Polyphenylenoxid)	(PPO)				×
ungesättigte Polyesterharze	UP			×	
Epoxid-Harze	EP				×
(Polyimide)	(PI)				×
Vernetzte Polyurethane	PUR vern.	×			
(lin. Polyurethane)	(PUR lin.)				≪
Celluloseacetat	CA				×
Spezialplaste					
Polyvinylacetat	PVAC			×	
Polybutenolefine	PB				×
Polyisobutylen	PIB				×
Silikonharze	Si				×
(fluorierte Copolymere)	(FEP, PFA)				≪

( ) – Import, ≪ – Kleinstmengen

Als Entwicklungsziele gelten gegenwärtig:

- Senkung des zeitabhängigen Deformationsverhaltens
- Erhöhung der Wärmebeständigkeit ($T_E \geqq 200$–$250\,°C$)
- Zähigkeit und Schlagfestigkeit bei niedrigen Temperaturen $T_E \leqq -40\,°C$

- Steigerung der Verschleißfestigkeit ($<1\ \mu m/km$)
- Reduziertes Brandverhalten, Flammwidrigkeit
- Verbesserte Beständigkeit gegenüber Alkalien und bei Hydrolyse
- Stabilisierung gegen Klima- und andere Alterungseinflüsse
- Erhöhte Gestaltungsfreiheit und Verarbeitbarkeit
- Verbilligung

2.4. Einsatzbereiche (Übersicht)

Der Einsatz von Polymeren erfolgt dann, wenn er nach seiner Umsetzung in ein Bauteil bei der Gewährleistung der Funktion, der Erhöhung des Gebrauchswertes und der Senkung des Herstellungsaufwandes Vorzüge gegenüber konstruktiven Lösungen aus anderen Werkstoffgruppen bietet.

Für den Maschinenbau kann man international in Übereinstimmung zur Aufkommensentwicklung bei Konstruktionsplasten eine Verdoppelung des Plasteinsatzes aller 8–10 Jahre beobachten. Es gibt in den letzten Jahren, wie Erzeugnisanalysen im Chemieanlagenbau, bei Werkzeug- und Textilmaschinen sowie bei Kraftfahrzeugen ergaben, auch unter den Bedingungen der Erdölverknappung und -verteuerung, keine Änderung dieser Tendenz. Inzwischen beträgt der Plastanteil bei Kraftfahrzeugen 8–12%, bei Werkzeugmaschinen 3–5%, bei Chemieanlagen 5–7%. (Im Mittel wird wegen fehlender Materialbereitstellung in DDR-Erzeugnissen nur etwa 30–50% des Plasteinsatzes gegenüber führenden Konkurrenzfirmen erreicht und damit ein geringerer Gebrauchswert und eine größere Masse zugelassen.)

Bei Neu- und Weiterentwicklungen werden mit Konstruktionsplasten folgende gebrauchswertbestimmenden Zielstellungen angesetzt:
- Verringerung der Reibungskräfte und des Verschleißes
- Erhöhung von Arbeitsgeschwindigkeiten infolge Massesenkungen
- Verringerung der Korrosion, Erhöhung der Isolation
- Steigerung des konstruktiven und fertigungstechnischen Niveaus durch Funktionsintegration

Entwickelt haben sich daraus als Einsatzgebiete im Maschinen- und Fahrzeugbau:
(1) Industrielle Formteile (Verkleidungen, Hüll- und Schutzteile, Gehäuse, Dächer)
(2) Fahrwerke, Dichtungen, Führungen, Wellen, Stoßfänger
(3) Maschinenelemente (Kupplungen, Gleitlager, Lagerkäfige, Zahnradgetriebe, Rotoren, Transportbänder, Zahnriemen in abgestuften Breiten und Längen zwischen 2 bis 10 kW)
(4) Hilfselemente (Schläuche, Klebstoffe, Beschichtungen, kratz- und verschleißfeste Antihaftschichten, Plastisole als Abdichtung)

Im Anlagenbau:

(1) Komplette Rohrleitungsnetze zwischen 25 und 4000 mm ⌀ einschließlich der Bögen, T-Stücke, Flansche u.a.
(2) Lager- und Transportbehälter beliebiger Bauart und Form
(3) Chemieapparate (Gaswaschtürme bis 5000 m³, Rührwerksbehälter)
(4) Druckbehälter bis $16 \cdot 10^5$ Pa

Im Bauwesen:

(1) Raumzellen, vorgefertigte Raumelemente
(2) Abgaskamine (bis 180 m Höhe), Wasser- und Leuchttürme
(3) Großsilos
(4) Abdeckungen, Bodenelemente

Mit gegenwärtig den höchsten Wachstumsraten bei Büromaschinen und Datenverarbeitungsanlagen:

(1) Gehäuse, Pulte
(2) Isolations- und Abschirmelemente
(3) Bauelemente der Elektronik und Mikroelektronik
(4) elektrisch leitfähige, piezoelektrische, ferroelektrische Bauelemente

Darüber hinaus als Bauteile von Haushaltsgeräten, der Medizintechnik, Bauelemente im Leistungssport, der Luft- und Raumfahrt sowie der Militärtechnik.

Als Wünsche werden aus diesen Zweigen die Steigerung des Plast- und Elastaufkommens generell und speziell bei den Konstruktionsplasten formuliert:

(1) Neue Synthesen und Legierungen durch die DDR-Chemie bzw. über Importe insbesondere zur Beherrschung der thermischen und chemischen Beständigkeit.
(2) Modifizierungen nach dem Verstärkungs-, Streck- und Verschäumungsprinzip zur Verbesserung u.a. des mechanischen und tribologischen Verhaltens.
(3) Anwendung der Konstruktionstechnik und der Festkörpermechanik zur Funktionsintegration und Ausschöpfung der zulässigen Beanspruchbarkeit, zur Senkung des spezifischen Werkstoffeinsatzes und zur Gebrauchswerterhöhung.

Da der erste Lösungsweg außerhalb der Ingenieurwissenschaften liegt, wird nachfolgend über (2) und (3) berichtet. Dabei ist zu beachten, daß die Modifizierungen nach (2) und analog (3) nur dann bedeutsam werden, wenn sie auch einem gesunkenen Energiebedarf, einer Leistungskonzentration und einer Aufwandssenkung bzw. Gebrauchswert-Kosten-Verbesserung dienen.

3. Konstruktionsplastmodifizierung zur Verbesserung der Festigkeits- und Steifigkeitsbeanspruchung

3.1. Ausgangskomponenten

In den Jahren zwischen 1960 bis zur Gegenwart wurde die Einbettung von plättchen-, teilchen- und faserförmigen organischen und anorganischen Stoffen in fast allen hochpolymeren Materialien (Matrix) zu einer hohen Reife entwickelt. Inzwischen sind die vielphasigen Systeme bzw. Hybridverstärkungen als Stand der Technik anzusehen. Alle als Konstruktionsmaterial geltenden Plaste werden international als verstärkte Modifikation produziert, wobei Haftvermittler für die Eigenschaftsoptimierung zwischen den meist völlig artverschiedenen Hauptkomponenten in beachtlicher Breite zur Verfügung stehen.

Neben der Rezepturgestaltung spielen bei diesen Stoffen die Orientierung und die Stabilität der Fertigungsprozesse eine bedeutende Rolle.

In Tab. 2 werden faser- und teilchenförmige Stoffe, die besonders zur Verstärkung der Festigkeit und Steifigkeit der Matrix geeignet bzw. in Erprobung sind, dargestellt. In wirtschaftlicher Sicht haben textile Glasfasern und gefälltes Kalziumcarbonat überragende Bedeutung innerhalb der jeweiligen Hauptgruppen erlangt. Zur optimalen Anpassung der verstärkten Plaste an gewünschte Eigenschaften werden Zwei- und Mehrstoffsysteme eingesetzt. Es hat sich folgende Einordnung bewährt [8]:

a) Faserverbunde
   Fasergrundverbunde
   (Kurzfaser, Matte, Gewebe, Roving)
   Fasermischverbunde
   1. Art (diff. geometr. Anordnung des Verstärkungsmaterials)
   2. Art (diff. Stoffauswahl bei Verstärkungsmaterialien)
   3. Art (Geometrie- und Stoffdifferenzierung der Verstärkungsmaterialien)

b) Teilchenverbunde
   Teilcheneinfachverbunde
   Teilchenmischverbunde
   2. Art
   3. Art

c) Allgemeine Mischverbunde 3. Art

Damit ist eine beliebige Anzahl von Verbunden und Verbundeigenschaften denkbar, wobei nur noch mit mathematischen Mitteln eine sinnvolle Eigenschaftsoptimierung angezeigt ist [9]. Durch die Bauteiloptimierung erhielten deshalb auch die Viskoelastizität, die Bruch- und die Mikromechanik [10, 11] einen weiteren Aufschwung. Nachfolgend wird die ingenieurtechnische Richtung, basierend auf der Mischungsregel, vorgestellt [12].

Tabelle 2 Faser- und teilchenförmige Verstärkungsmaterialien für Polymerverbunde

Verstärkungsmaterialien						
faserförmige						
organische Verbindungen	Kohlenstoff (Graphit)	Metalle	Carbide und Boride auf Wolfram	synthetische Keramiken	natürliche Keramiken	Gläser
PA lin.	HF-Typ	Beryllium	Bor	Beryllium-oxid	Asbeste	A-Glas
PVAC	HM-Typ	Chrom	Bor mit Silicium-carbid	Borcarbid		E-Glas
PETP	C-Whisker	Stahl	Silicium-carbid	Borcarbid mit Kohlen-stoff	Schlacken	S-Glas
PTFE		Nickel	Titendiborid	Bornitrid		X-Glas
PA arom.		Kupfer		Magnesium-oxid	Gesteins-fasern z. B. Basalt	R-Glas
Cellulose		Niob		Aluminium-nitrid		Quarz
		Molybdän		Aluminium-oxid		C-Glas
		Silber		Siliciumcarbid		
		Wolfram		Siliciumnitrid		
				Zirkonoxid		

[1]) Teilchen-, plättchen- oder pulverförmig u. a., teilweise nur durch Haftvermittler als Verstärkungsmaterial nutzbar!

3.2. Vorausberechnung ausgewählter Verbundeigenschaften

In mehrjährigen systematischen Untersuchungen wurden die prinzipiellen mechanischen Eigenschaften der industriell wichtigsten Faserverbundsysteme GUP, GEP, KEP, SDP und PA-GF aufgeklärt [13]. Für Fasereinfachverbunde werden die prinzipiellen Verläufe bei der Zugfestigkeit (Abb. 3) und für Fasermischverbunde 1. Art die Änderung der Festigkeit und Steifigkeit bei Variation der Faservolumenanteile in Abb. 4 dargestellt. Da zumindest abschnittsweise ein linearer Zusammenhang zwischen bestimmten Verbundeigenschaften und dem Faservolumenanteilen nachgewiesen werden konnte, gelang es auch unter Einbeziehung von weiteren geometrischen und technologischen Kenngrößen, dies analytisch zu beschreiben.

globulare[1])

Mineralien	Naturprodukte	Metalle	Synthetika
Quarzmehl	Holzmehl	Eisenpulver	Acetylenruß
Kalkstein	Korkmehl	Bronzepulver	Molybdändisulfid
Kreide	Baumwollabfälle	Al-Pulver	Graphitpulver
Kaolin	Teilchen aus Stroh,	Cu-Pulver	Duroplastmehl
Talkum	Kartoffelkraut u. ä.		Porzellanpulver
Glimmer	Wolle, Leder		Glaskugeln, Glaspulver
Schiefermehl			Kieselsäuregel
Asbestmehl			Titandioxid
Metalloxide			Keramikpulver
Siliciumoxide			
(Sand, Quarzmehl)			

3.2.1. Fasereinfachverbunde

Es gilt für den Zug-E-Modul:

$$E_{zVW} = [E_{VM} \cdot \varphi \cdot k_{//} + E_{oMM} (1 - \varphi k_{//}] \, \alpha_{zE} \qquad (1)$$

Dabei bedeutet:

$MM \triangleq$ Matrixmaterial
$VM \triangleq$ Verstärkungsmaterial
$VW \triangleq$ Verbundwerkstoff
$z, b, d, \tau =$ Zug, Biegung, Druck, Schub
$E_{VM} \triangleq$ E-Modul des Verstärkungsmaterials
$E_{oMM} \triangleq$ Kurzzeitmodul des Matrixmaterials
$\varphi \triangleq$ Volumenanteil an Verstärkungsmaterial

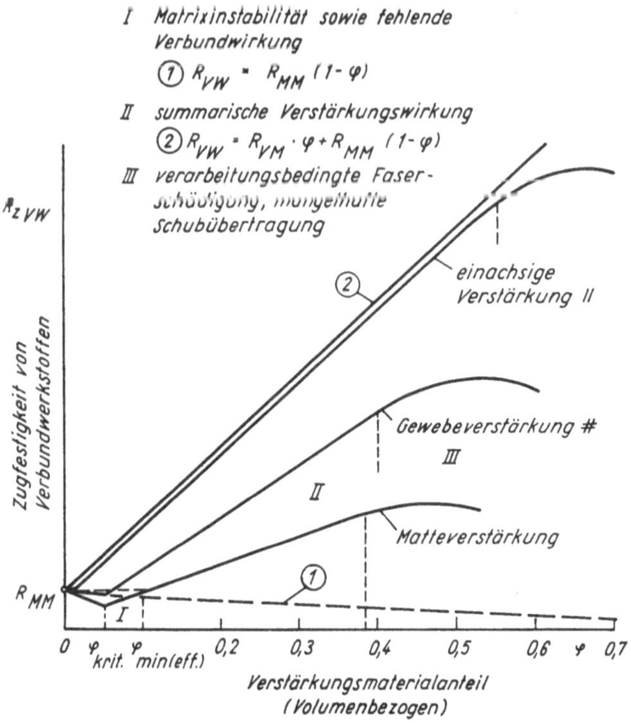

Abb. 3 Erhöhung der Zugfestigkeit von Polymeren durch verschiedenartig orientierte Fasereinlagerungen (Einfachverbunde)

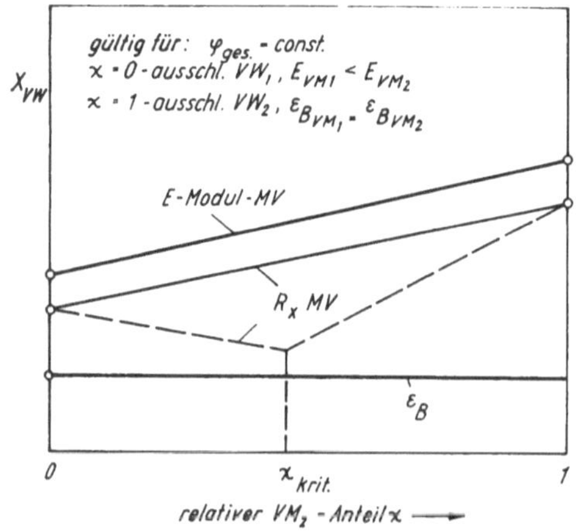

Abb. 4 Festigkeits- und Steifigkeitsverhalten von Mischverbunden 1. Art

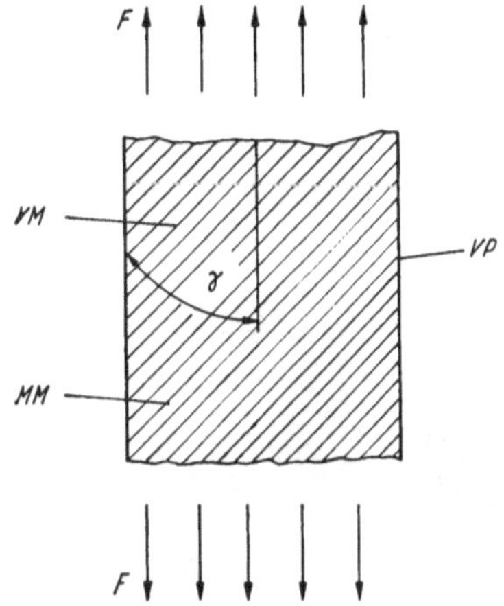

Abb. 5 Schema zur Erfassung der Faserorientierung in Elementarschichten

$$\varphi = \frac{V_{VM}}{V_{\text{ges}}} = \frac{m_{\text{VM}}}{m_{\text{ges}}} \frac{\varrho_{\text{ges}}}{\varrho_{VM}} = \psi \frac{\varrho_{\text{ges}}}{\varrho_{VM}} \tag{2}$$

ψ = Massenanteil an Verstärkungsmaterial

$k_{//}$ = wirksamer Verstärkungsmaterialanteil (vgl. Abb. 5)

$$k_{//} = \frac{\varphi_{\text{wirks.}}}{\varphi_{\text{ges}}} = \sum_{i=1}^{n} \frac{\varphi_i}{\varphi_{\text{ges}}} \cos^4 \gamma_k \tag{3}$$

typ. Werte: $k_{//\text{Matte}} = 0{,}375$

$k_{//\text{Roving}} = 0{,}0\text{–}1{,}0$

α_{zE} = Faktor zur Berücksichtiguung gegenseitiger Faserstützwirkung sowie unterschiedlicher Fertigung nach Gleichung (9)

typ. Werte: α_{ZE} Gewebe = 1,0–1,3

α_{ZE} Matte = 0,9–1,1

Entsprechend der statistisch abgesicherten Forschungsergebnisse [13] läßt sich bei Biege- und Druckbeanspruchung rechnerisch ermitteln:

$$E_{bVW} = E_{zVW} \cdot \alpha_{bE}(\varphi) \tag{4}$$

$$E_{dVW} = E_{zVW} \cdot \alpha_{dE}(\varphi) \tag{5}$$

$\alpha_{b,d}$ = Faktor zur Berücksichtigung der vom Zug abweichenden Beanspruchungsbedingungen als $f(\varphi$, Belastungstyp)

$$\alpha_{x\text{E}}(\varphi_i) = \frac{E_{xVW}(\varphi_i)}{E_{zVW}(\varphi_i)}. \tag{6}$$

Wie aus Abb. 3 hervorgeht und wie auch für andere Verbundsysteme gezeigt wurde [14], gilt es bei den Festigkeitseigenschaften von Einfachverbunden charakteristische Minima zu beachten. In Erweiterung von (1) hat sich bewährt:

$$R_{zVW} = [R_{zVM}(\varphi - \varphi_{\min})\, k_{//} \cdot \eta + \sigma_{MM(\varepsilon_{bVW})}(1 - \varphi + \varphi_{\min})]\, \alpha_{zR} \tag{7}$$

Gültigkeitsbereich:

$$\varphi_{\text{krit.}} \leqq \varphi \leqq \varphi_{\max}.$$

Es bedeutet in Ergänzung zur E-Modulberechnung:

R_{zVM} = Zugfestigkeit des Verbundwerkstoffes

R_{zVM} = Zugfestigkeit des Verstärkungsmaterials

$\varphi_{\min}$ – min. Volumenanteil zur Erreichung von R_{zMM} bzw.

$$R_{VM}(\varphi_{\min}) \geqq R_{MM}$$

GUP - typ. Werte: $\varphi_{\min}$ Gewebe = 0,05–0,08

$\varphi_{\min}$ Matte = 0,08–0,12

$\varphi_{\min}$ Kurzf. = 0,12–0,20

η - Faserwirkungsgrad

$$\eta = 1 - \frac{l_c}{2l} = 1 - \frac{R_{zVM} \cdot d}{4R_\tau \cdot l} = 1 - \frac{R_{zVM}}{4R_\tau \cdot \lambda} \tag{8}$$

λ - Faserschlankheit $\lambda = \frac{l}{d}$

l_c - kritische Faserlänge

R_τ - Schubfestigkeit der Grenzfläche VM/MM

typ. Werte: $\eta_{\text{Roving}} = 1{,}0$

$\eta_{\text{Matte}} = 0{,}99$

$\eta_{\text{Kurzf.}} = 0{,}2$–$0{,}5$

α_{zR} = Faktor zur Berücksichtigung unterschiedlicher Fertigung, Prüfung und Bruchauslösung nach (9):

$$\alpha_{zR} = \frac{R_{zVW}\ \text{exp.}\ (\varphi_i)}{R_{zVW}\ \text{rechn.}\ (\varphi_i)} \tag{9}$$

Der Zahlenwert $R_{zVW\ \text{rechn,}}\ (\varphi_i)$ wird ermittelt nach (7) und $\alpha_{zR} = 1$, ψ_i sowie den weiteren verbundtypischen Angaben (MM, VM).

Analog zu Gl. (4) und (5) wurden in [12] auch funktionelle Verläufe für α_{bR} und α_{dR} aufgenommen.

3.2.2. Fasermischverbunde

Für die Berechnung des E-Moduls gilt bei Dreistoffsystemen in Erweiterung von Gl. (1):

$$E_{zVM} = [E_{VM1} \cdot \varphi_1 \cdot k_{//1} + E_{VM2} \cdot \varphi_2 k_{//2} + E_{MM}(1 - \varphi_{ges} k_{//})]\, \alpha_{zF} \tag{10}$$

Bei Vielstoffsystemen und schichtweisem Aufbau aus Einzelverbunden nach Gl. (1) ergibt sich ein 2. Berechnungsweg:

$$E_{zVM} = E_{VW1} \frac{s_1}{s_{ges}} + E_{VW2} \frac{s_{ges}}{s_2} + \dots + E_{VWn} \frac{s_n}{s_{ges}} \tag{11}$$

Es bedeutet in Ergänzung zu (1) und (6) in Gl. (10) und (11):

MV – Mischverbund als Schichtwerkstoff

VM_n – Verbundwerkstoff als Grundlaminat 1, 2 → n

s_n – Dicke der Einzelschicht n

Zur Kontrolle gilt:

$$\frac{s_1}{s_{ges.}} + \frac{s_2}{s_{ges.}} + \dots + \frac{s_n}{s_{ges.}} = 1. \tag{12}$$

Wie in [15] gezeigt wurde, ist Gl. (11) auch auf die E-Modulbestimmung von Mischverbunden 2. Art, im speziellen Fall bei Glasfaser- und Kohlenstoffaserverbunden anwendbar. Bei der Behandlung von Festigkeitsproblemen muß zwischen Mischverbunden 1. und 2. Art streng unterschieden werden (vgl. Abb. 4 und 6).

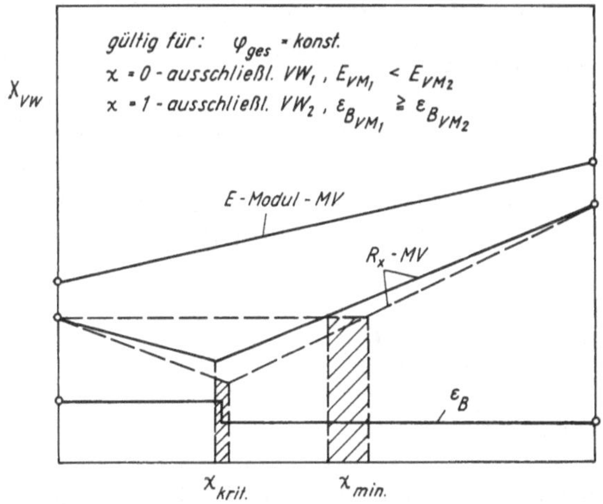

Abb. 6 Festigkeits- und Steifigkeitsverhalten von Mischverbunden 2. Art

Für Mischverbunde 1. Art gilt:

$$R_{zMV} = R_{VW1}\frac{s_1}{s_{\text{ges.}}} + R_{VW2}\frac{s_2}{s_{\text{ges.}}} + \ldots + R_{VWn}\frac{s_n}{s_{\text{ges.}}} \tag{13}$$

für $\varepsilon_{BVM1} \approx \varepsilon_{BVM2} \approx \ldots \approx \varepsilon_{BVMn}$.

Ist $\varepsilon_{BVM1} \neq \varepsilon_{BVM2} \neq \ldots \neq \varepsilon_{BVMn}$, dann kommt es in jedem Fall zu $\varkappa$ krit bei R_{zMV}. Bei derartigen Dreistoffsystemen der Mischverbunde 2. Art gilt bei φ = konst.:

$$R_{zMV}\,(\chi \leqq \text{krit.}) = \varepsilon_{BVM1}\,(1-\chi)\,E_{VW1} \tag{14}$$

$$R_{zVM}\,(\chi \geqq \text{krit.}) = \varepsilon_{BVM2}\,[\chi E_{VW2} + (1-\chi)\,E_{VW1}] \tag{15}$$

Dabei ist der relative Faservolumenanteil:

$$\chi = \frac{\varphi_{VM2}}{\varphi_{VM1} + \varphi_{VM2}} \tag{16}$$

Im allg. wird Gl. (10), (13), (14) und (15) auch für die Ermittlung der Druck-, Biege- und Schubeigenschaften genutzt:

$$R_{XMV} = R_{zMV} \cdot \alpha_{xMVR} \tag{17}$$

$$E_{XMV} = E_{zMV} \cdot \alpha_{xMVE}. \tag{18}$$

Dabei wird α_{xMVR}, α_{xMVR} Katalogen [13] entnommen bzw. nach (6) und (9) ermittelt.

Bei Mischverbunden 3. Art dominieren nichtlineare Zusammenhänge zwischen E und R mit φ. Es wurden Polynome über Regressionsanalysen gewonnen [16]. Leider ist bei diesen Werkstoffgruppen eine rechnerische Ermittlung der Volumenanteile für vorgegebene Festigkeits- und Steifigkeitsanforderungen bei definierten Geometriebedingungen nicht direkt möglich.

3.2.3. Kriech- und Relaxationsverhalten

Analog zur Kurzzeitfestigkeit und -steifigkeit wurde auch versucht, aus den Hauptkomponenten der Verbunde einige Langzeiteigenschaften auf rechnerischem Weg zu ermitteln. Ein Beispiel dafür sind Ansätze vom Typ (19), (20) nach SKUDRA [17], die besonders bei einachsig verstärkten Plasten angewandt werden können:

$$I(t) = \left[1 - \frac{E_0 - E_\infty}{E_0}\exp\left(-\frac{E_\infty}{n \cdot E_0}t\right)\right]\frac{1}{E_\infty} \tag{19}$$

$$I(t) = \left\{1 + \frac{\lambda}{\beta}\,[1 - \exp(-\beta\gamma t^{1+\alpha})]\right\} I_0. \tag{20}$$

Bei einer stärkeren Beanspruchung der Matrix, wie z. B. bei Kurzfasern sind jedoch auch empirische Ansätze erforderlich.

Da zwischenzeitlich von den meisten Konstruktionsplasten die Kriech- und Relaxationsfunktionen zumindest bei einachsigen Beanspruchungen und für übliche Temperatureinsatzbereiche bekannt sind, ist auch für vorgegebene Lastgeschichten und bei Kenntnis der zulässigen Deformation die näherungsweise Lebens- bzw. Einsatzdauerberechnung möglich geworden. Dieser Weg ist Teil der Bemessung nach festkörpermechanisch begründeten Grenzzuständen, mit denen für minimalen Werkstoffeinsatz und bei definierten Zuverlässigkeitskriterien trägfähige Lösungen entstehen.

Für die Beschreibung des zeitabhängigen Deformationsverhaltens bei dynamischen sowie stufenweisen Be- und Entlastungsvorgängen wurde die Aufspaltung in elastische, plastische, viskoelastische und viskoplastische Anteile angestrebt [18]. Dabei war das Bemühen zur Abgrenzung des viskosen Matrixmaterials vom meist vollelastischen Verstärkungsmaterial bestimmend, ohne das bisher eine Lösung gefunden wurde. Nunmehr werden mit

$$I(t) = \frac{\varepsilon_{(t)}}{\sigma_0}\,; \quad E(t) = \frac{\sigma_{(t)}}{\varepsilon_0} \tag{21}$$

die Kriech- und Relaxationsfunktion bzw. das Kriech- und Relaxationsverhalten bei zeitlich konstanten Belastungen in einfacher Weise nach [19] als Potenz- bzw. Potenzreihenansätze ermittelt:

$$I(t) = \sum_{i=0}^{n} I_0 \cdot a_i \cdot (\lg \left(\frac{t}{t_1}\right)^i. \tag{22}$$

Bei Einfach- und Mischverbunden reicht ein dreigliedriger Ausdruck von Gl. (22) aus:

$$I(t) = I_0 \left[a + b \lg \frac{t}{t_0} + c \left(\lg \frac{t}{t_0}\right)^2\right] \tag{23}$$

mit $I_0 = \frac{1}{E_0}$

t Belastungszeit

$t_1 > t_0$ Bezugszeiten

$a, b, c,$ Kriechparameter aus Messungen und einer Ausgleichsrechnung. Zahlenwerte können [15], [16], [20] entnommen werden.

3.3. *Verstärkungswirkungsgrad*

Bezieht man die Eigenschaften von Verbundwerkstoffen auf die der Matrix, so sind mit η Aussagen über das gezielte Anheben bzw. Absenken von Kenngrößen möglich. Einschränkend muß jedoch dazu bemerkt werden, daß zumindest bei den Faserverbunden jede Kenngröße strukturbezogen ist und stets die Anisotropie und Inhomogenität der Eigenschaften beachtet werden muß. Bei Berücksichtigung dieser Einschränkung können aus Abb. 7 für die auf Massenstähle und in Abb. 8 für die auf die UP-Matrix bezogenen Verbundeigenschaften entsprechende Daten für Verstärkungsgrade abgelesen werden. Je nach der Zahl und der Art der ausgewählten Kenngrößen ist so ein Urteil über die komplexe Funktionserfüllung der modifizierten Konstruktionsplaste möglich. In Abb. 7 wird für Stahl als dem wichtigsten Konstruktionsmaterial der Zugfestigkeit, dem E-Modul und der Bruchzähigkeit der Gütegrad 1 zuerkannt. Vergleicht man dazu die einachsig verstärkten Plaste, so können mit der Glasfaser nur bei der Festigkeit und mit der Kohlenstoffaser bei der Steifigkeit die Werte übertroffen werden.

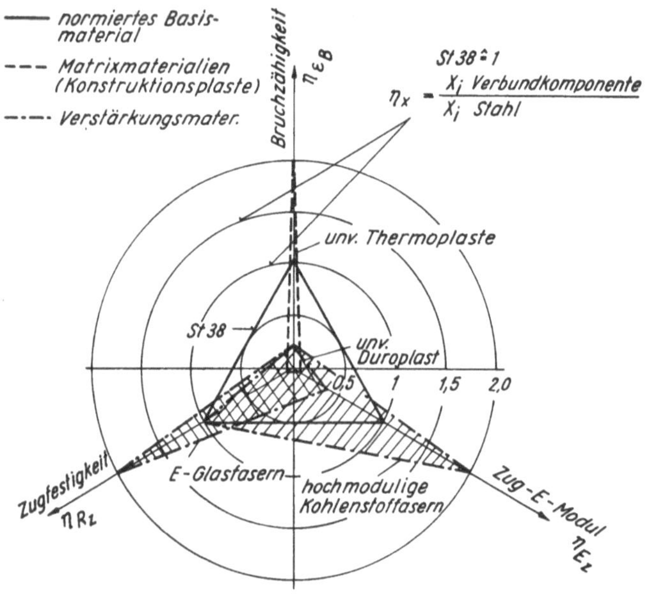

Abb. 7 Eigenschaftsniveau von Verbundkomponenten bei der Bezugsbasis Stahl (St 38)

Noch deutlicher wird der differenzierte Grad der Eigenschaftsveränderung in Abb. 8 bei Einbeziehung des zeit- und temperaturabhängigen Materialverhaltens für die drei prinzipiellen Verstärkungsmaterialanordnungen (einachsig, senkrecht zueinander, regellos). Beherrscht wird danach mit GFP die Anhebung der Zug- und Schlag-Biegefestigkeit sowie des E-Moduls, nicht die der Einsatztemperatur, der Bruchzähigkeit und Wärmeleitfähigkeit. Bei derartigen Anforderungen sind sowohl die Matrix als auch das Verstärkungsmaterial zu ändern bzw. ist mit Hybridverstärkungen eine Verbesserung anzustreben. In Tab. 3 werden Absolutwerte der Eigenschaftsbereiche von Einfach- und Mischverbunden bei Kurzzeitbeanspruchung und Raumtemperatur an-

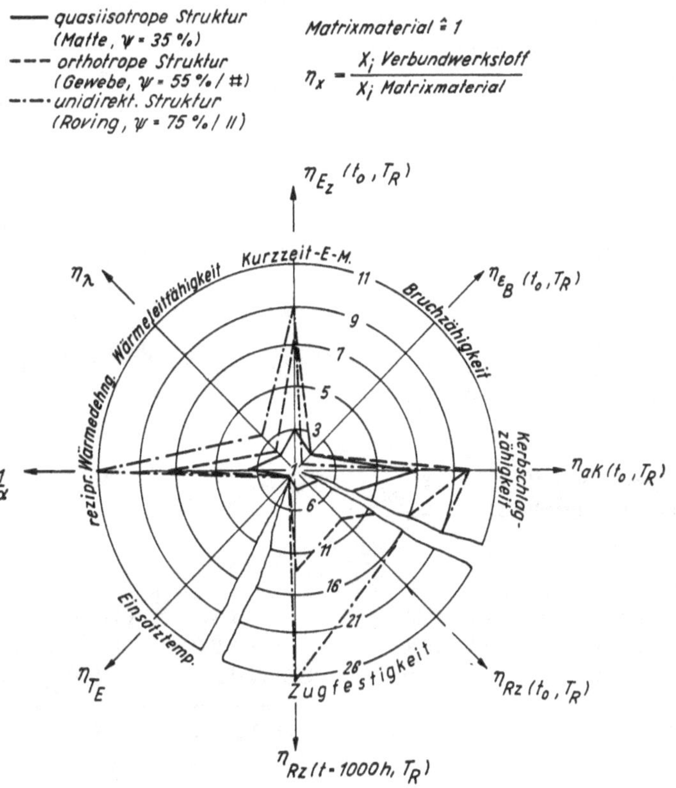

Abb. 8 Verstärkungsgrade von glasfaserverstärkten Plasten (GUP)

gegeben. Man kann durchaus erkennen, daß in der Vorzugsrichtung die Festigkeit von hochlegierten Stählen mit dem E-Modul von Alu-Legierungen sowie der Korrosionsbeständigkeit von Hochpolymeren verknüpft werden kann.

Mit Tab. 4 werden Werkstoffabminderungen bei Langzeit- und Temperatureinwirkung vermittelt. Die verstärkten Plaste haben danach nicht nur ein höheres Grundniveau, sondern bei den entsprechenden Praxisbeanspruchungen von 60 °C bzw. 10^3 h einen niedrigeren Festigkeits- und Steifigkeitsabfall als unverstärktes Material.

Gleichzeitig sollen noch der völlig neuartige Charakter von einzelnen Verbunden, so die Erreichung eines Wärmeausdehnungskoeffizienten von nahezu Null durch die extreme Eigenschaftskombination Kohlenstoffaser-Plast, von elektrischer Leitfähigkeit der Plaste durch Verbunde mit metallisierten Glasfasern, Graphit und Metallpulver, piezoelektrische Polymere durch Additivs mit Polyvinylidenfluorid, Gummimagnete mit Bariumferrit u.a. genannt werden. Zur Kostenreduzierung werden div. Mischverbunde in Kombination

Tabelle 3 Eigenschaften von Einfach- und Mischverbunden bei Kurzzeitbeanspruchung

Konstruktionsplast	Zugbruchfestigkeit R_z (t_0, T_R) MPa	Biegebruchfestigkeit R_b (t_0, T_R) MPa	E-Modul-Zug E_z (t_0, T_R) MPa
quasiisotrope Verstärkung			
UP-Prepreg, ψ = 30% Glasfasern	30...100	120...190	7000...10000
UP, φ = 20% KF-Matte	50...110	60...180	7500... 9200
PVC, ψ = 30%, Basaltfasern	50... 70	70... 90	5000... 7700
UP-E-Glasmatte, φ = 20%	80...140	180...240	7000... 9000
UP, ψ = 40% Glasmatte, ψ = 15% Kreide	90...140	150...210	8300... 9400
PA 6, ψ = 30% Glasfasern, //	100...150	70...160	9000...11000
Gewebe-Verstärkung			
UP-E-Glasrovinggewebe φ = 30%	150...240	350...450	10000...17000
UP, φ = 10% Stahldrahtgewebe φ = 20% Glasmatte	150...260	180...280	21000...30000
einachs. Verstärkung			
UP, φ = 50% HM-KF-Roving	800...900	900...1000	150000...190000
UP, φ = 50% E-Glas-Roving	800...900	900...1100	35000... 40000
EP, φ = 50% HF-KF-Roving	950...1100	1200...1300	110000...125000

φ, Volumenanteil, ψ, Masseanteil, UP $\triangleq$ Standardharz UP-AS 2324

Tabelle 4 Eigenschaftsminderung bei Langzeit- und Temperatureinwirkung im Vergleich zur Kurzzeitbeanspruchung

Werkstoff	$\frac{R_z(t = 10^3\,h, T_R)}{R_z(t_0, T_R)}$	$\frac{R_z(t_0, T = 60\,°C)}{R_z(t_0, T_R)}$
PA 6	0,54	0,43
PA 6-GF, ψ = 30%	0,73	0,65
ABS	0,62	0,67
POM	0,63	0,60
PC	0,86	0,70
PVC Basaltfaser, φ = 37%	0,72	
GUP-Matte, φ = 20%	0,63	0,78
GUP-Gewebe, φ = 33%	0,58	0,91
GUP-Roving, φ = 50%	0,80	
KUP, φ = 50% HF	0,82	
KUP, φ = 50% HM	0,90	
Stahldraht/Glasmatte/UP, φ = 30%		0,83

von Glasfasern/$CaCO_3$ (Kreide) mit UP, PUR, PVC und glasmatteverstärkte Thermoplaste auf der Basis von PA, PP, PE, PS über Breitschlitzextrusion für Halbzeuge zum Form- und Fließpressen verarbeitet.

3.4. Konstruktionsplaste bei bevorzugter tribologischer Beanspruchung

3.4.1. Einsatzbereich

Mit einzelnen Vertretern der Konstruktionsplaste wird das gesamte technisch nutzbare Gebiet der Reibwerte überstrichen, wobei trotz vielfältiger Verschleißmechanismen (abrasiv, adhäsiv, Formänderung) recht vorteilhafte Anwendungsfälle bei Gleit-, Roll- und Haftvorgängen erschlossen wurden.

In der jüngsten Zeit nehmen deshalb Forschungsarbeiten auf dem Gebiet der Tribotechnik, d.h. der Reibungs-, Verschleißschutz- und Schmierungstechnik zu. Ursachen dafür sind, daß Reibungs- und Verschleißbeanspruchung 90% der bei Maschinen auftretenden Schäden hervorruft. Auch werden 30 bis 50% der Energieverluste im Maschinenbau durch Reibung verursacht.

Gleichzeitig bringt die weitere Erhöhung der Arbeitsgeschwindigkeiten von Maschinen und Werkzeugen, die Volumen- und Massereduzierung bei Bauelementen und Baugruppen, die Einführung neuer Wirkprinzipien im Stütz- und Antriebsbereich eine wachsende Verschleißbeanspruchung beim Kontakt von Grund- und Gegenkörpern.

$\frac{E_z(t = 10^3\,h,\ T_R)}{E_z(t_0,\ T_R)}$	$\frac{E_z(t_0,\ T = 60\,°C)}{E_z(t_0,\ T_R)}$
0,75	0,20
0,77	0,89
0,67	0,73
0,54	0,44
0,64	0,76
0,55	
0,75	0,73
0,76	0,69
0,93	
0,93	
0,95	
0,75	

Die zur Gewährleistung einer ausreichenden Lebensdauer notwendige Entwicklung verschleißbeständiger Konstruktionen und verschleißmindernder Oberflächenschichten steht vor allem dort an, wo aus konstruktiven Ursachen eine Schmierung erschwert oder wegen spezieller Verarbeitungsgüte nicht möglich ist.

Die Verstärkung von Thermo- und Duroplaste kann dazu neben der Steifigkeits- und Festigkeitsbeeinflussung unter bestimmten Bedingungen auch für Werkstoffe mit hoher Reibungs- und Verschleißbelastung eingesetzt werden. Erläutert wird deshalb die kausale Verknüpfung von Reibung und Verschleiß mit der linearen Verschleißintensität auf energetischer Grundlage, wobei mittels der nomographischen Darstellung der Verschleißgrundgleichung eine Bewertung des tribologischen Verhaltens der Konstruktionsplaste möglich wird.

3.4.2. Zusammenhang von Reibung und Verschleiß

Bei der Reibung kennt man die Wirkung in Form von Kräften, Momenten und der Reibarbeit. Unterschieden wird in Gleit-, Roll-, Bohr- und Wälzreibung sowie weitere Mischformen. Bei der thematischen Begrenzung des vorliegenden Beitrages auf die Festkörperreibung wird besonders auf die Bewegungsreibung ohne die Haftschichtreibung beim Beginn und Ende der Bewegungsvorgänge eingegangen.

Für Gleit- und Wälzführungen sowie Schneidenlager wird die Reibzahl (Gleitreibungskoeffizient) als die auf die Normalkraft bezogene Reibungskraft bestimmt:

$$\mu_R = \frac{F_R}{F_N} = \frac{w_R}{F_N \cdot s_R} = \frac{P_R}{F_N \cdot v_R} \qquad (24)$$

F_R – Reibungskraft (meßbarer mechanischer Widerstand beim Ablauf, Beginn oder Beenden einer Relativbewegung sich berührender Stoffbereiche)

w_R – Reibungsarbeit, Reibungsenergie

P_R – Reibungsleistung

Ein Meßprinzip zeigt Abb. 9, bei dem der Aufnahmekörper für Buchsen zwischen Blattfedern angeordnet ist und über eine zeigerartige Verlängerung mit einem berührungslosen induktiven Wegaufnehmer die Meßwertgewinnung erfolgt. Eine beliebig hohe statische Belastung wird durch aufgelegte Gewichte realisiert. Die Gleitgeschwindigkeit ist stufenlos einstellbar. Besondere Auswirkungen sind durch den Gleitpartner zu erwarten, meist wird als Wellenwerkstoff gehärteter und geschliffener Stahl eingesetzt. Jedoch können mit plastbeschichteten Wellen auch Paarungen Plast-Plast untersucht werden. Im speziellen Fall wurde X 20 Cr 13 mit einer Rockwellhärte $HR_c = 53$ benutzt.

Abb. 9 Versuchseinrichtung zur Reibungs- und Verschleißermittlung

Die Rauhtiefe der Welle beträgt 2 - 3 µm. Rautiefen der Gegenwerkstoffe außerhalb der Optimalbereiche führen bei einigen Plastwerkstoffen zum Gleitreibungskoeffizientenanstieg. Bei der Paarung PA6/St kommt es mit $R_t < 1$ µm zu verstärkter Adhäsion und bei $R_t > 3$ µm zum Zerspanen des Plastwerkstoffes. In beiden Bereichen wird eine Erhöhung des Gleitreibungskoeffizienten bewirkt. Ein Absinken des Gleitreibungskoeffizienten wurde mit steigender Pressung bzw. der radialen Lagerkraft in Abb. 10 für verschiedene Werkstoffmodifizierungen nachgewiesen. In Abb. 11 werden für die Bedingungen des Trockenlaufes und der Stahl/Plast-Paarung die prinzipiellen Größenbereiche von eigenen Messungen und Literaturangaben zusammengefaßt. (Bei der Paarung Plast/Plast sind die Reibzahlen meist geringer als in Abb. 11 angegeben. Bei der Fett- und Ölschmierung geht die Differenziertheit der Paarungspartner zurück.)

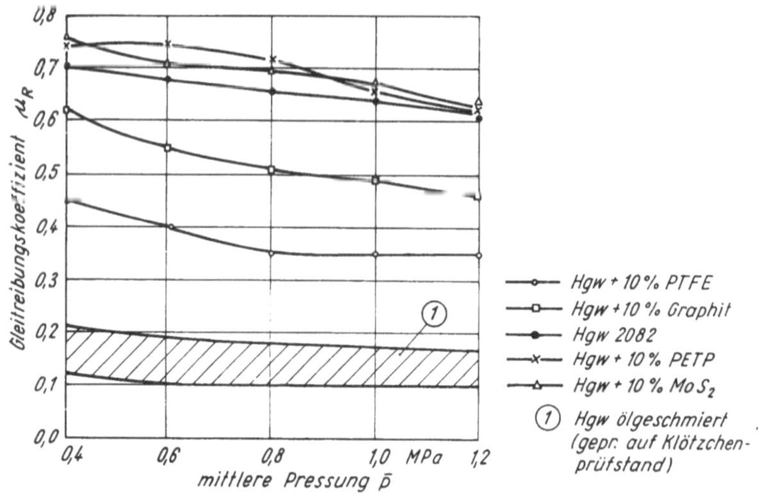

Abb. 10 Funktioneller Verlauf des Gleitreibungskoeffizienten bei modifizierten Plasten

Im Gegensatz zu den Reibungsbeiwerten variieren die Verschleißbeträge bei gleichen Reibungsarten oft um mehrere Größenordnungen. Es ist deshalb auch schwer möglich, quantitative Beschreibungen zu erreichen. Wenn das auf das bei der Reibung beanspruchte Volumen V_R bezogene verschlissene Volumen V_V oder die auf die Reibungshöhe h_R bezogene Verschleißhöhe h_V die Verschleißzahl ϑ_V nach (25) ist, dann können einige Werkstoffparungen untereinander besser geordnet werden:

$$\vartheta_v = \frac{V_V}{V_R} = \frac{h_V}{h_R}. \tag{25}$$

Dabei ist:

$$V_V = \Sigma V_{vij} = A_R h_V \tag{26}$$

V_{vij} - Einzelverschleißvolumen

A_R - Verschleißfläche.

Zur Verschleißbestimmung selbst werden teilweise objektbezogen verschiedene Lösungsmethoden angewandt. Die methodische Seite ist generell bei Materialien mit zeitabhängigem Deformationsverhalten, ausgeprägter Nachschwindung oder Quellung sowie hohen Wärmedehnzahlen schwierig [21]. Bei Verbundwerkstoffen wird dies zwar durch das Verstärkungsmaterial wieder eingeschränkt, dennoch können nicht ohne weiteres die bei Metallen üblichen Meßverfahren Anwendung finden.

Viele Verbunde sind bisher kaum untersucht, auch fehlen genormte Prüfverfahren und damit reproduzierbare Kennwerte.

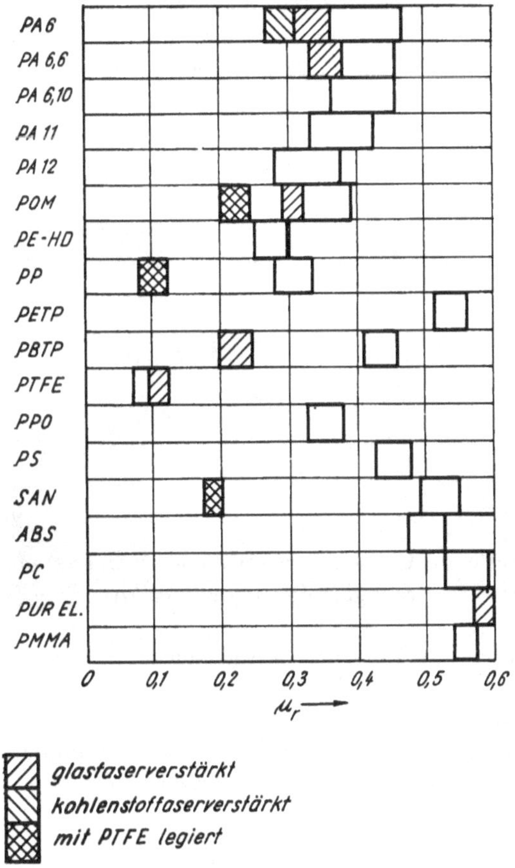

Abb. 11 Gleitreibungskoeffizienten im Vergleich von verstärkten und unverstärkten Plasten

Eine teilweise nichtlineare Zunahme des Gleitverschleißes Δs_v in μm/km wurde werkstoffspezifisch mit wachsender Rauhtiefe R_t des Gegenwerkstoffes, der Pressung und der Gleitgeschwindigkeit versuchsstandabhängig festgestellt [22, 23]. Unbestritten sind die Flächentemperatur und die Schmierbedingungen von besonderer Bedeutung für den Verschleiß.

Die theoretische Behandlung von Reibung und Verschleiß beinhaltet geometrisch-mechanische und energetische Elemente. Ausgangspunkt für die Schule Kragelski/Fleischer [24] ist die sogenannte Doppelnatur der Reibung, wonach diese sich aus einem mechanischen (deformativen) Anteil und einem Anteil, der die molekularen Wechselwirkungen der Reibkörper berücksichtigt (adhäsiver Anteil), zusammensetzt:

$$\mu = \mu_{\text{adh.}} + \mu_{\text{def.}} \tag{27}$$

Dabei bringt der Adhäsionsanteil die Abhängigkeit von der Belastung und der Deformationsanteil von der Eindringtiefe zum Ausdruck. In energetischer Hinsicht kann auf einen Zusammenhang mit den Deformationsanteilen der elastischen, plastischen, viskosen Verformungen von Reibkörper 1 und 2 sowie möglicher Zwischenstoffe nach Abschnitt 3.2.3. verwiesen werden. Wie bei den bekannten Modellstrukturen zur Beschreibung von Kriechvorgängen kann damit der 2. Anteil und der 1. Anteil über die Energien bei der Trennung der molekularen Kräfte in der Reibkörperberührungsfläche näherungsweise bestimmt werden. Die gesamte aufgewendete Reibungsenergie ergibt sich als:

$$w_R = \sum_{(ij)} w_{ij} \tag{28}$$

i – steht für den jeweiligen Reibkörper

j – für den Energieanteil

Unter dem Einzelenergieanteil

$$w_{ij} = \alpha_{ij}\, w_R \tag{29}$$

versteht man den auf das betreffende Element i des tribologischen Systemes entfallenden Teil j an der gesamten Energieaufwendung vor der Energieumwandlung und Dissipation.

Gleichzeitig folgt daraus, daß bis zum Moment des Abtrennens sich eine kritische Energiedichte e_{ij} aus der adhäsiven und deformativen volumenbezogenen Reibungsarbeit ergeben muß.

Für die Reibungsenergie kann für n_{ij} gleiche Energieanteile liefernde und am Reibungsprozeß beteiligte Volumen V_{ij} nunmehr geschrieben werden:

$$w_R = \sum_{(ij)} e_{ij}\, n_{ij} \cdot V_{ij}. \tag{30}$$

Aus einer Gleichgewichtsbetrachtung findet man für die gesamte Reibungsenergiedichte:

$$e_{Ri} = \frac{\sum_{(j)} e_{ij} \cdot n_{ij} \cdot V_{ij}}{\sum_{(i)} n_{ij}\, V_{ij}} \tag{31}$$

sowie mit Gl. (30) für das beanspruchte Materialvolumen V_R:

$$e_R = \frac{w_R}{V_R} \tag{32}$$

Das beanspruchte Volumen V_R ist als Produkt der Einzelkontaktflächen, der Beanspruchungstiefe und Anpassungsfaktoren zu berechnen.

Da das verschlissene Volumen V_V leichter zu ermitteln ist als das beanspruchte Volumen V_R kann auch eine scheinbare Reibungsenergiedichte e_R^* definiert und für die Werkstoff- und Konstruktionsbeurteilung nach Gl. (33) genutzt werden:

$$e_R^* = \frac{w_R}{V_V}. \tag{33}$$

Eine weitere Kenngröße für tribologische Prozesse ist die Verschleißintensität I_h.

Nach umfangreichen Analysen von KRAGELSKI [25] wurde sie über eine molekular-mechanische Ermüdungstheorie als lineare Verschleißintensität (d. h. auch als gleitwegbezogener Abrieb) meßbar:

$$I_{hR} = \frac{V_V}{s_R \cdot A_R} = \frac{h_R}{s_R} \tag{34}$$

V_V - Verschleißvolumen

s_R - Reibweg (Gleitweg)

A_R - Reibfläche (Kontaktfläche)

h_R - Verschleißschicht

Auf energetischer Grundlage wurde sie nach [24] als „energetische Grundgleichung" definiert:

$$I_{hi} = \frac{\bar{\tau}_i}{e_{Ri}^*}. \tag{35}$$

Dabei ist e^* nach Gl. (33) und $\bar{\tau}$ nach Gl. (36) als Reibungsschubspannung zu ermitteln:

$$\bar{\tau} = \mu_R \cdot \bar{p} \tag{36}$$

$\bar{p}$ - mittlere Pressung

μ_R - vgl. Gl. Gl. (24) und Abb. 10, 11.

Über die angegebenen Beziehungen (24) und (33) geht die Gl. (34) in (35) über und wird zur Grundlage für die bewertenden Aussagen zum Reibungs- und Verschleißprozeß sowie zur Lebensdauerermittlung bei Konstruktionsplasten, so kann auch auf eine empirisch ermittelte angepaßte Größengleichung z.B. des Typs der Gl. (37) nach THOMAS [26] verzichtet werden.

$$I_h = 1{,}42 \cdot 10^{-3}\, HV^{-0{,}27}. \tag{37}$$

3.4.3. Kennwerte von Reibpaarungen

Zur bewußten Steuerung der Plastmodifizierung wurde die Faser- und Teilchenverstärkung auch bei tribologischen Prozessen angewandt. Dabei erfolgt die Darstellung von Ergebnissen im $e_R^* - I_h$-$\bar{\tau}$-Schaubild. Bei der Bewertung der Ergebnisse muß beachtet werden, daß neben Einflüssen wie Lagerbelastung nach Art, Größe und Verlauf auch Wechselwirkungen mit Temperatur-, Zwischenstoff- und Umgebungsbedingungen eine entscheidende Rolle beim Reibungs- und Verschleißprozeß spielen.

3.4.3.1. Faserverstärkung

Mit faserförmigen Verstärkungsmaterialien soll im Zusammenhang mit dem deformativen Energieanteil bei Verschleißprozessen die Reibungsbruchenergiedichte und im phänomenologischen Sinne die scheinbare Reibungsenergiedichte erhöht, d.h. der Energieaufnahme bzw. -abgabemechanismus verbessert werden. Untersucht wurde u.a. PA-GF (MdVE 30). Die Ergebnisse sind in Abb. 12 dargestellt. Danach verändert sich I_h gegenüber den unverstärkten Typen um ca. 1 Zehnerpotenz.

Bei den gleichfalls durchgeführten Untersuchungen an kurzfaserverstärktem PUR-Elastomer ergab sich die Tendenz, daß die Verschleißintensität mit wachsendem Verstärkungsgrad zunahm. Dies war auf eine schlechte Qualität des Verbundes, bei der Fasern aus der Matrix gelöst wurden und wie Schmirgel wirkten, zurückzuführen.

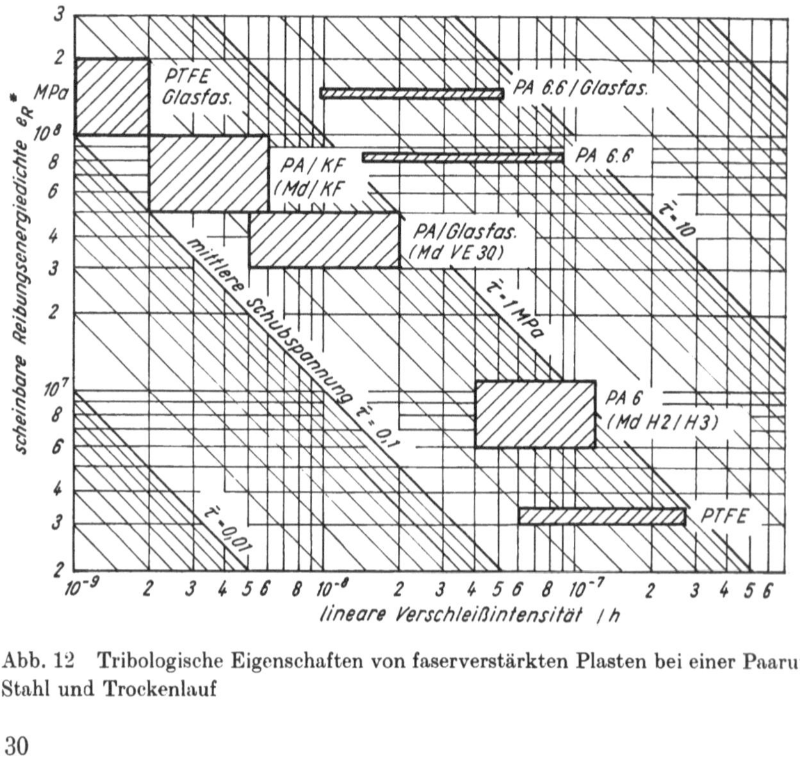

Abb. 12 Tribologische Eigenschaften von faserverstärkten Plasten bei einer Paarung mit Stahl und Trockenlauf

Durch eine C-Faserverstärkung von PA 6 konnte nun der Reibwert auf $\mu_R = 0{,}3 \ldots 0{,}35$ gesenkt, die Neigung zum Rück-Gleiten (Stick-Slip) verringert und die Verschleißintensität gegenüber von MdVE 30 um fast 1 Zehnerpotenz verringert werden. Damit erweist sich die Faserverstärkung trotz ihres höheren Preises als sehr effektiv, wenn die Einarbeitung beherrscht wird.

3.4.3.2. Teilchenverbunde

Während bei faserverstärkten Thermoplasten die verschleißende Wirkung hauptsächlich auf die Verbesserung mechanischer Werkstoffkennwerte zurückzuführen ist, ist die Wirkungsweise globularer Verstärkungsmaterialien differenzierter zu sehen. Die Tab. 5 gibt Einblick in eine mögliche Strukturierung

Tabelle 5 Verstärkungsmaterialien bei tribologischer Belastung

	Verstärkungsmaterialien				
Struktur	faserförmige	globulare			
		anorganische		organische	
Beispiele	E-Glasfasern Kohlenstoffasern arom. PA-Fasern	MoS_2 PbO Graphit	Glaskugeln Metallpulver SiO_2	PTFE PE EVAC	Paraffinöle Silikonöle
Verschleiß-minderung	×		×	×	×
Reibungs-minderung	×	×		×	×
Ursachen	erhöhte Wärmeableitung, gestiegene Festigkeit und Steifigkeit	Gegenwerkstoffglättung	geringer Abrieb durch höhere Festigkeit und Steifigkeit	Schmierfilmausbildung durch Abrieb	Ölfilmbildung durch Diffusion

Nach eigenen Untersuchungen [27] konnte durch die Zugabe von MoS_2 weder eine Verbesserung des Reibungs- noch eine nachhaltige Reduzierung des Verschleißverhaltens erzielt werden. Dies ist überraschend, denn dieser Zusatzstoff wird oft eingesetzt und verursacht Mehrkosten. Bei der Verstärkung mit Graphit trat das Phänomen des Auftragverschleißes auf, wodurch es zu

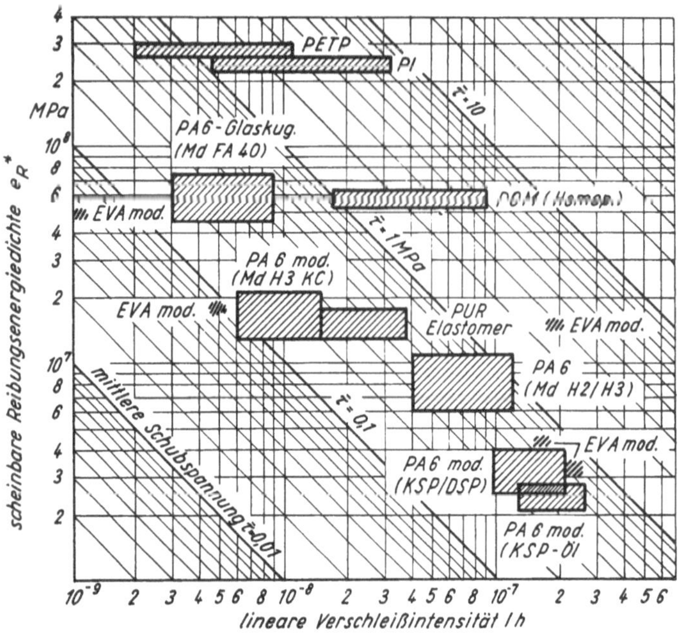

Abb. 13 Tribologische Eigenschaften von teilchenverstärkten Plasten bei einer Paarung mit Stahl und Trockenlauf

einer Glättung der Oberfläche des Reibpartners kam. Dies bewirkte eine Erhöhung des Reibungskoeffizienten und des Stick-Slip-Effektes.

Die Verschleißintensitäten der verschiedenen Abmischungen bei Dünnschichtlagern lagen bei $I_h = 1{,}4 \ldots 4{,}2\ 10^{-9}$, wobei die höheren Werte bei größeren Verstärkungsanteilen auftreten.

Wie Abb. 13 zeigt, wird durch die Glaskugelfüllung ein Verstärkungseffekt erzielt und die Verschleißintensität verbessert. Bei dieser Modifizierung hatte sich der μ_R-Wert nicht verändert. Aber durch die Zerstörung der Kugeln trat ein erheblicher Verschleiß des Reibpartners auf, ein Vorgang der auch bei der Glaspulverfüllung zu registrieren war. Mit hochpolymeren Füllstoffen konnte insbesondere durch die Schmierfilmbildung der Reibwert enorm verbessert und das Ruck-Gleiten z. T. gänzlich abgebaut werden. So betrug der Reibwert von EVA-modifizierten PA 6 (MdFP10S) ca. $\mu_R = 0{,}2 \ldots 0{,}3$ und bei einer PA-PE-Legierung $< 0{,}2$.

Durch diese Modifikation wurde die Verschleißfestigkeit allerdings teilweise beträchtlich verringert [20]. Der bekannteste hochpolymere Zusatz für Verschleißmaterialien ist PTFE, aber es ist bisher noch nicht gelungen, dieses Material zuverlässig in eine PA-Matrix einzubetten.

3.4.3.3. Zusätze

Entwickelt wurden auch ölmodifizierte Polyamide. Dabei ist der Diffusionsvorgang des Schmiermittels durch den Lagerkörper und somit die Stärke des Ölfilms (dementsprechend auch der Reibwert) in starkem Maße von der Lagerbelastung und der sich einstellenden Temperatur abhängig. Von dieser Schmierwirkung wird auch das Verschleißverhalten maßgebend beeinflußt. Bei ölmodifiziertem KSP traten Erscheinungen auf, wie man sie von gebrauchdauergeschmierten Lagern (z.B. aus Sinterbronze) her kennt. Nach dem Verbrauch des Schmiermittels tritt wieder Festkörperreibung auf, und es setzen die typischen tribologischen Eigenschaften der Paarung Stahl/Plast ein.

Zur Untermauerung dieser Erkenntnisse, die mit modifiziertem PA 6 gewonnen wurden, sind zusätzliche Versuche an gefülltem Hartgewebe 2087 durchgeführt worden. Als Zusatzstoffe dienten PTFE, Graphit, MoS_2 und PETP. Die Ergebnisse der Reibungs- und Verschleißversuche sind in Abb. 14 dargestellt.

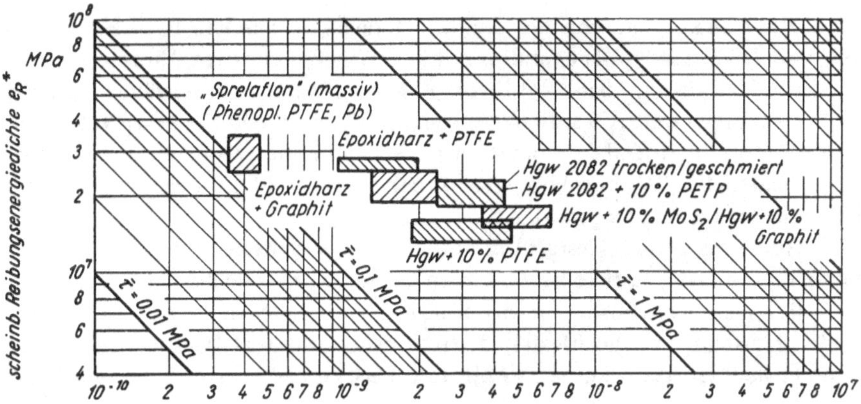

Abb. 14 Tribologische Eigenschaften von modifizierten Plasten bei differenzierten Gleitbedingungen

Wie gezeigt werden konnte, spielt auch der Verstärkungseffekt eine entscheidende Rolle bei der Beeinflussung des Verschleißverhaltens von Konstruktionsplaste. Obwohl sicher das gesamte Problem noch viele Widersprüche in sich birgt und es auch zu unterschiedlichen Wertungen von Zusatzstoffen wie bei MoS_2 in [28] [29] und [27] kommt, kann man einer so negierenden Einschätzung nicht zustimmen:

„Unverstärkte Produkte haben übrigens bessere Gleiteigenschaften und günstigeres Abreibverhalten [28] als verstärkte Plaste".

4. Bauweisenentwicklung

Dank konstruktiver Ideen, der Weiterentwicklung der Beanspruchbarkeit der Konstruktionsplaste und der die polymere Substanz streckenden Produktentwicklungen können für verschiedene Anwenderbereiche auch mehr und bessere werkstoffgerechte Lösungen entstehen. Derartige Arbeitsrichtunen ordnen sich in ein allgemeines gesellschaftliches Bemühen um *F/E*-Leistungen mit Spitzenniveau durch höhere Veredlung der Rohstoffe und entschiedenere Wege zur Verbesserung des Verhältnisses von Aufwand und Nutzen ein.

Bei den erfolgten Erzeugnisanalysen sind jedoch weder revolutionierende Entwicklungen noch ein beschleunigter Technologiewechsel hervorstehende Merkmale, es sind konsequente Weiterentwicklung mit Beispielcharakter für die Leistungs- und Beanspruchungskonzentration bei sinkendem Aufwand durch Masse- und Energiereduzierung sowie wirtschaftliche Fertigung.

4.1. Differentialbauweise

Das Bauprinzip geht von der Auflösung der Querschnitte bzw. Konstruktionen in leichtbautypische und für die Fertigung günstige Einzelteile aus. Dies erfordert eine größere Zahl von Fügevorgängen und schränkt ggf. die Mechanisierungs- und Automatisierungsmöglichkeiten ein. Sie gestattet durch die Werkstoff- und Teilekombination neue technische Lösungen nach naturwissenschaftlichen Wirkprinzipien und kann zum Feld für rechnergestützte, erfinderische Leistungen werden.

Verwiesen sei auf die Gestaltung von glatten, porenfreien und chemisch beständigen Gelcoats, Latices und anderen Chemieschutzschichten im Apparatebau, die Vielschichtfolien für Konservierungszwecke und den klassischen Sandwichaufbau aus hochfesten korrosionsbeständigen Deckschichten und biegeweichen Isolationskernen (Abb. 15). Das gezeigte Prinzip ist auch auf räumlich verformte Hartschaumkerne für Einbaukabinen, Duschtassen u.ä. mit thermoplastisch geformten Deckschichten sowie kompakte umformbare St-PP-St und Al-PA-Al-Verbundplatten übertragbar.

Die Differentialbauweise hat ihre besonderen Vorzüge beim massenhaften Einsatz von Plast-Präzisionsteilen, denn hochproduktive Fertigungsverfahren stehen zur Verfügung und es kann mit minimalen Wandstärken gearbeitet werden. So lassen sich bei Blendenlamellen aus dem Bereich Foto/Optik statt Feinstanzen, Entgraten, Annieten, Brünieren und Beschichten in einem einzigen Spritzgießvorgang entsprechende Elemente mit einbaufertigen Drehzapfen realisieren. Die Teile zeigen in Plastausführung auch gute Gleiteigenschaften, sind bruchsicher und montagefreundlich (Abb. 16). Zur Differentialbauweise trägt auch bei, daß Zahnradpaarungen u.a. aus verstärkten Thermoplasten im Spritzguß in den Qualitätsklassen Q 8/9 und unverstärkten Plasten

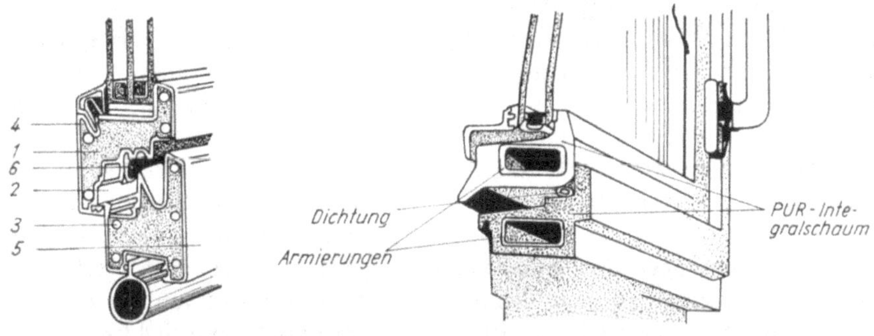

1 PUR-Schaum-Kern m. PVC-Außenschicht
2 Nut f. handelsübliche Beschläge
3 Glasfaserverstärkung
4 Innsichtfläche in Holz-Dekor od. Weiß
5 lichtechte Acryloberfläche
6 Dichtungen

Abb. 15 Verdrehsteife Leichtbauprofile nach der Differential- sowie Integrationsbauweise

mit Q 10/11 als realisierbar gelten. Bei funktionsentscheidenden Maßen von Kugellagerkäfigen ist $T_F \geqq \pm 10\ \mu m$. Diese Präzision demonstriert die zulässigen hohen Anforderungen an Materialien, Werkzeuge und Maschinen [30]. Nicht ohne Einfluß ist der Beginn der rechnergestützten Konstruktion und Fertigung von Werkzeugen im CAD/CAM-Prozeß.

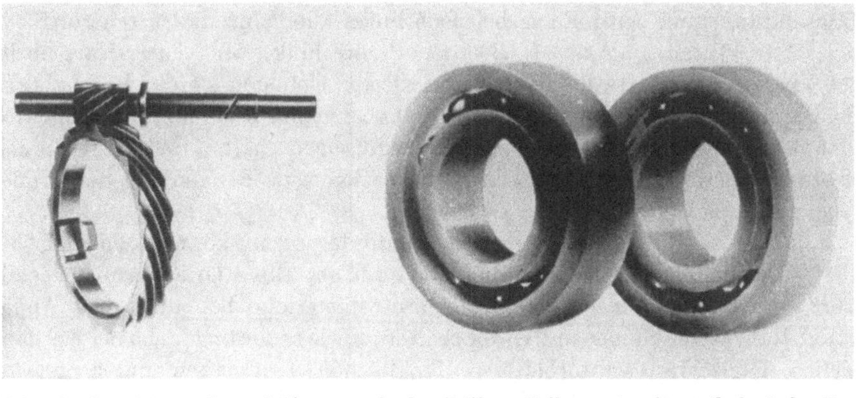

Abb. 16 Präzisionsteilentwicklung nach der Differentialbauweise für tribologische Beanspruchung

Weitere Fortschritte ergeben sich beim Spritzguß durch die Anwendung der Mikroelektronik für die adaptive Temperaturregelung und die thermodynamische Vorwählbarkeit, sowie zur kompletten Steuerung aller Funktionen. Damit werden Wirtschaftlichkeit und Produktionskapazität wesentlich gesteigert, ferner die Bedienbarkeit und Arbeitssicherheit erhöht. Für den Spritzgußbereich wird die rechnergestützte Prozeßführung mit Rückstelleigenschaften, d.h. die „mannlose Produktion", vorbereitet. In Verbindung mit der Zentralisation der Qualitätskontrolle und Produktionsüberwachung werden speicherprogrammierbare Steuerungen für den optimierten Spritz- und Nachdruckverlauf, die Vorwärm-, Trocknungs- und Temperiergeräte bis zur Entnahmetechnik und die automatisierte Verpackung in kurzer Zeit technische Wirklichkeit.

Bei in die Produktion überführten Konstruktionselementen aus kurzfaserverstärkten Plasten, wie Abdeckungen, Verkapselungen und Maschinenteilen, wurden 30–50% Masseeinsparungen gegenüber geschweißten Stahlausführungen realisiert. Die dabei auftretenden höheren Anforderungen an die Extruder- und Spritzgießzylinder führten zu innengepanzerten Zylindern, die auch zur Einarbeitung von Verstärkungsmaterialien, Streckstoffen, Flammschutzmitteln u.a. eingesetzt werden können [31].

4.2. Armierungsbauweise

Bei diesem Konstruktionsprinzip werden insbesondere beanspruchungsgerechte Lösungen mit örtlichen und richtungsabhängigen Verstärkungen angestrebt. Dies kann im allgemeinen durch Aufschweißen, Aufkleben, Aufschrauben und -nieten sowie partielles Härten und Verstärken erfolgen. Im Gegensatz zu Metallfaserverbunden stehen für polymere Matrixmaterialien eine größere Zahl von rationellen und anpassungsfähigen Verarbeitungsverfahren zum Einbringen von Verstärkungsmaterialien zur Verfügung.

Mit speicherprogrammierbarer elektronischer Steuerung und integrierter Bildschirmtechnik wird auch bei Rohrlinien die Einzelfadensteuerung für Wickelstrukturen angewandt. Bei der Preßtechnik, dem Faser-Harz-Spritzen sowie der Wickeltechnik von komplizierten Gebilden wurde gleichfalls mit dem Einsatz der rechnergesteuerten Handhabetechnik begonnen. Erreicht wird eine bessere Reproduzierbarkeit der Erzeugniseigenschaften und eine Senkung des Ausschusses. Damit erhält auch die mechanische Behandlung der Armierung als Konstruktion größere Bedeutung.

Beliebige vorgegebene Eigenschaftsanforderungen können danach bei Platten, Scheiben und Schalen durch bewußt gestaltete Orientierungen realisiert werden. Diese Ausnutzung der Anisotropie erfolgt bei chemischen Apparaten, Rohrverbindungen und Großbehältern sowie neuerdings auch bei Kardanwellen, Hubschrauberrotorblättern, Tragflächen, Leitwerken und hochbeanspruchten kraftschlüssigen Verbindungselementen für Flugzeuge im großtechnischen Maßstab.

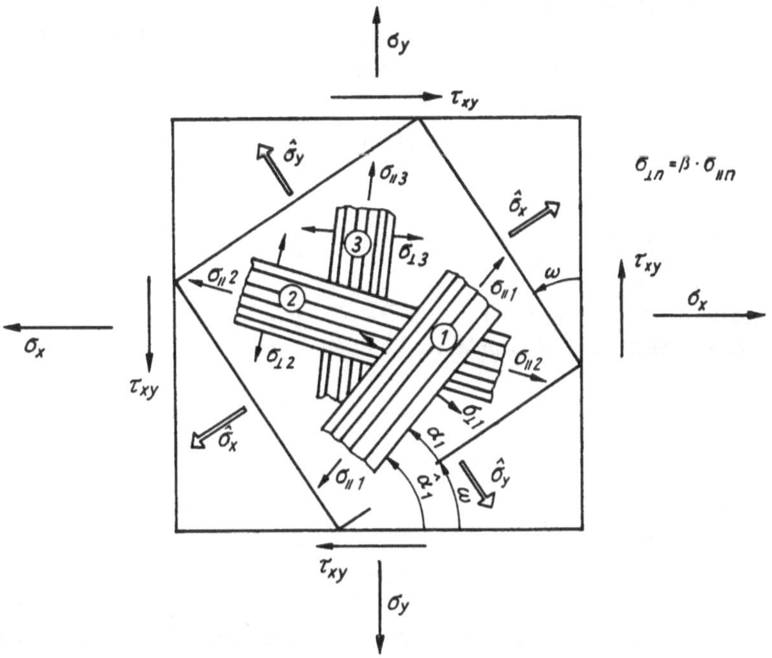

Abb. 17 Schichtenweiser Verbundaufbau zur Anwendung bei der Armierungsbauweise

Abb. 17 weist auf den prinzipiellen Aufbau und die Gleichgewichtsbedingungen bei einem Schichtelement mit den Einzelschichtdicken s_k hin,

$$\hat{\sigma}_x = \sum_{k=1}^{n} s_k' \left(\sigma_{//k} \cos^2 \alpha_k + \sigma_{\perp k} \sin^2 \alpha_k\right) = \sum_{k=1}^{n} s_k' \sigma_{//k} \left[(1 - \beta_k) \sin^2 \alpha_k\right] \tag{38}$$

$$\hat{\sigma}_y = \sum_{k=1}^{n} s_k' \left(\sigma_{//k} \sin^2 \alpha_k + \sigma_{\perp k} \cos^2 \alpha_k\right) = \sum_{k=1}^{n} s_k' \sigma_{//k} \left[(1 - \beta_k) \cos^2 \alpha_k\right] \tag{39}$$

wobei $s_k' = \dfrac{s_k}{s_{\text{ges}}}$ und $\beta = \dfrac{\sigma_\perp}{\sigma_{//}}$ sind.

Bei der Isotensoidverformung $\varepsilon_{//} = \varepsilon_\perp = \varepsilon$ sind:

$$\sigma_{//} = E_{//} \frac{1 + \nu_{//\perp}}{1 + \nu_{//\perp}\,\nu_{\perp //}} \varepsilon; \quad \sigma_\perp = E_\perp \frac{1 + \nu_{\perp //}}{1 + \nu_{//\perp}\,\nu_{\perp //}} \varepsilon \tag{40}$$

Es ist zweckmäßiger mit dem Querkraftfaktor:

$$\beta = \frac{\sigma_\perp}{\sigma_{//}} = \frac{E_\perp}{E_{//}} \cdot \frac{1 + \nu_{\perp //}}{1 + \nu_{//\perp}} \tag{41}$$

zu arbeiten [32].

Daraus ergibt sich im Falle eines Zylindermantels unter Innendruck p_i und einem Innendurchmesser d_i entsprechend der „Kesselformel" für die mittlere Laminatspannung in Axialrichtung $\hat{\sigma}_a$ und in Umfangsrichtung $\hat{\sigma}_u$:

$$\hat{\sigma}_a = \sum_{k=1}^{n} s_k' (\sigma_{//k} \cos^2\alpha_k + \sigma_{\perp k} \sin^2\alpha_k) = \frac{p_i d_i}{4s} \qquad (42)$$

$$\hat{\sigma}_u = \sum_{k=1}^{n} s_k' (\sigma_{//k} \sin^2\alpha_k + \sigma_{\perp k} \cos^2\alpha_k) = \frac{p_i d_i}{2s}. \qquad (43)$$

Mit den Bedingungen $\sigma_{//k} = \sigma_{//}$; $\sigma_{\perp k} = \sigma_{\perp}$; $\varepsilon_{\perp k} = \varepsilon_{//k} = \varepsilon$ für alle Schichten k erhält man die Gleichungen für die Wickelwinkel α_k und die erforderliche Wanddicke:

$$\sum_{k=1}^{n} \frac{s_k}{s} \sin^2\alpha_k = \frac{2-\beta}{3(1-\beta)} \qquad (44)$$

$$s_{\text{erf}} = \frac{1{,}5}{1+\beta} \frac{p_i}{\sigma_{//\text{zul}}} \frac{d_i}{2}. \qquad (45)$$

Die nach einem solchen Weg dimensionierten und erprobten GUP-Druckrohre und -behälter zeigten im Vergleich zu Alu- und Stahl-Konstruktionen ein Masseverhältnis von 1:1,5:7 und daß durch den beanspruchungsgerechten Materialaufbau auch bei höheren Grundmaterialpreisen und Verarbeitungskosten Einsparungen möglich sind. Bei einer Vernachlässigung von $\sigma_{\perp}$, d. h. des Tragenteils der Matrix in der Festigkeitsrechnung gilt nach Gl. (42) und (43):

$$\hat{\sigma}_a = \sum_{k=1}^{n} \sigma_{//k} \cdot s_k' \cdot \cos^2\alpha_k = \frac{p_i d_i}{4s} \qquad (46)$$

$$\hat{\sigma}_u = \sum_{k=1}^{n} \sigma_{//k} \cdot s_k' \cdot \sin^2\alpha_k = \frac{p_i d_i}{2s} \qquad (47)$$

$$\tau_{xy} = \frac{1}{s} \sum_{k=1}^{n} \sigma_{//k} \cdot s_k \cdot \sin\alpha_k \cos\alpha_k. \qquad (48)$$

Die erforderliche Wandstärke ist:

$$s_{\text{erf.}} = 1{,}5 \frac{p_i}{\sigma_{//\text{zul}}} \cdot \frac{d_i}{2}. \qquad (49)$$

Der notwendige Wickelwinkel α bei einer Kreuzwicklung für $\hat{\sigma}_u/\hat{\sigma}_a$ ergibt sich nach Gl. (46) und (47):

$$2\sigma_{//} \cdot s_k' \cos^2\alpha_k = \sigma_{//} \cdot s_k' \sin^2\alpha_k$$

$$1 - \sin^2\alpha_k = \frac{\sin^2\alpha_k}{2} \tag{50}$$

$$\sin^2\alpha_k = \frac{2}{3}$$

mit:

$$\alpha_k = \pm 54{,}7°.$$

Selbstverständlich sind auch andere Kombinationen von α und s_k' möglich, wobei eine genaue Bestimmung der Einzelschichten nur über Zusatzbedingungen möglich wird [33]. Diesen Vorzügen der Armierungsbauweise steht ein erhöhter technologischer Aufwand gegenüber, der bei Heizölbehältern, Boots- und Schiffsbauten unter NSW-Bedingungen zu Resubstitutionserscheinungen ab 1978 führte.

Die Anwendung des vorgestellten Prinzips führte immerhin zu Masseeinsparungen gegenüber Metallkonstruktionen von 20–70%. Bei Fahrzeugentwicklungen findet man teilweise dank der Masseeinsparung eine Erhöhung

Abb. 18 Freitragender kippbarer Transportbehälter aus glasfaserverstärktem Plast für 18 m³ Füllgut, Betriebsdrücken bis $2{,}5 \cdot 10^5$ Pa und 80 km/h Fahrgeschwindigkeit

der Nutzlast und damit des direkten Gebrauchswertanstieges. Bei der als Abb. 18 gezeigten Behälterkonstruktion wurden Armierungen (Verstärkungen) für die Aufnahme des Innendruckes, für die Kraftumleitung im Bereich der Öffnungen sowie der Auflagerpunkte angebracht. Im Vergleich zur metallischen Basisvariante wurde unter Beibehaltung der gleichen Antriebsaggregate mit Konstruktionsplast-Armierungen die Nutzlast bei Transportbehältern um 10–15%, bei Luftfahrzeugen um 15–30% und bei Unterwasserschiffen um 100% gesteigert.

Selbstverständlich ist für einen erfolgreichen Einsatz der Armierungsbauweise auch eine Senkung des Aufwandes an lebendiger Arbeit notwendig. Eine beachtenswerte Unterstützung dabei sind die 1978 auf den Markt gekommenen lichthärtenden Polyesterharze mit dem Wegfall von Härtungsmitteln und damit der Misch- und Dosieranlagen beim Verarbeiter sowie die Senkung der Entformzeit für ein 6–8 mm starkes Laminat von bisher 3–5 h auf 30 min. Die seit längerem eingesetzte UV-Härtung verlangt vielfach höhere Investitionsmittel und einen 200mal höheren Energieeinsatz. So ist die Erschließung der UP-Lichthärtung auch ein Beispiel, wie Alternativen bei Kostenerhöhung und Energieverknappung gefunden werden.

4.3. Integralbauweise

Sie stellt den aktuellen Haupttrend beim konstruktiven Plasteinsatz dar und führt zu neuen prinzipiellen Lösungen. Das Entwicklungsprinzip kann als eine schrittweise Eigenschafts- und Funktionsintegration bei Ausschöpfung aller gegebenen fertigungstechnischen Möglichkeiten angesehen werden. Damit sind z.B. bei PA, POM, PUR und anderen formbaren, verschleißfesten Thermoplastteilen Sortier-, Füge- und Montageprozesse eingeschränkt, da einzelne Funktionsteile beim Umformen auch über stoffschlüssige Gelenke bzw. Scharniere zusammengefaßt werden. Für die Anwendung dieses Prinzips sprechen weitere Eigenschaften von Konstruktionsplasten, wie die

- engen Funktionstoleranzen
- elastische Deformierbarkeit
- beachtliche Querschnittsvariation
- niedrige Massenkräfte bei dynamischer Beanspruchung
- innere elektrische Isolation.

Ein typisches Beispiel verkörpert die Abb. 19. Es handelt sich um eine Fernschreiber-Typenscheibe aus PA6–GF. Die Ablösung der metallischen Getriebe und die Integration in der Scheibe reduziert die Bearbeitungsstufen, den Montageaufwand, den Raumbedarf, den Masseeinsatz und ergibt im Betrieb einen niedrigen Geräuschpegel sowie gutes Rückstellvermögen bei hoher Biegewechselfestigkeit. Die Funktionsintegration in nur ein bis zwei Einzelteile für den gesamten Hüll- und Stützbereich zu übertragen, wurde u.a. bei Tonfilm-

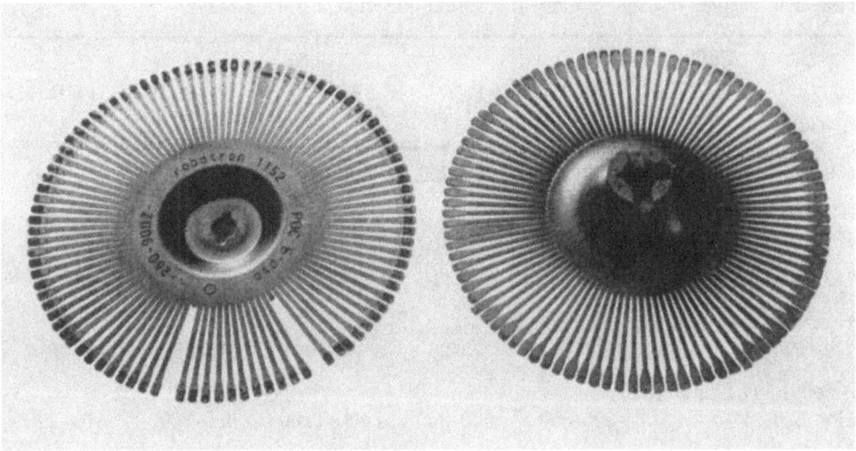

Abb. 19 Konstruktive Neulösung als Typenscheibe für elektronische Fernschreiber, entwickelt nach Prinzipien der Integrationsbauweise

kameras, Heimwerker-Holzbearbeitungsmaschinen und Bohrmaschinengehäusen realisiert. In mehrfacher Hinsicht erfolgt auch eine Integration von Funktionen beim Strukturschaum. Als Formgebungsprozeß geschieht dies für die Kontur und gleichzeitig im Inneren durch eine irreversible Strukturgebung nach dem Sandwichprinzip.

Die Bauteilrealisierung erfolgt mit bestimmten festen, flüssigen oder gasförmigen Treibmitteln nach modifizierten Spritzgießverfahren (TSG), der Extrusion, dem Formsintern oder dem Reaktionsschaumgießen (RSG).

Die Dichte der Strukturschaumstoffe liegt bei 40% bis 80% der Dichte des kompakten Werkstoffes. Die Dicke der massiven Außenschicht kann in gewissen Grenzen durch das technologische Regime gesteuert werden (Tab. 6).

Allerdings ist bei Strukturschaumstoffteilen zu beachten, daß die Oberflächengüte gegenüber Massivwerkstoffen im allgemeinen abgemindert (Maserungseffekte, höhere Rauhigkeit) vorliegt und insbesondere bei TSG-Teilen eine spezielle Verfahrenstechnik bzw. nachträgliche Oberflächenbehandlungen notwendig werden.

Das Eigenschaftsbild der Strukturschaumstoffe kann durch Einbringen von Faserverstärkungen und Füllstoffen wesentlich verbessert werden. International ist es üblich, über RSG bzw. nach Hochdruckverfahren als RIM und TSG-Formteile mit Faserverstärkungen von 10–30% auszustatten, wobei der Biegemodul auf das 3fache ansteigen und das Kriechen bis auf 1/3 gesenkt werden kann [34].

Die Strukturschaumstoffvarianten erfordern normalerweise eine Mindestwanddicke von 4 bis 5 mm zur Ausbildung der Schaumstruktur mit nutzbarem technisch-ökonomischen Effekt.

Tabelle 6 Eigenschaften von Strukturschaumstoffen

Grundmaterial / Eigenschaft	PE-HD	PP	PS	PUR (I)	PUR (II)
Rohdichte kg/m³	500–700	600–750	600–700	300–450	450–600
Druckfestigkeit MPa ⊥	6,5–8,5	15–25	15–18	5–10	9–18
$R_d(t_0, T_R)$ MPa	8–12	20–30	18–25	8–16	15–25
Biegefestigkeit MPa $R_b(t_0, T_R)$	12–22	20–28	20–30	15–28	27–48
E-Modul aus Biegung MPa $E_b(t_0, T_R)$	500–850	600–900	1400–1800	350–800	700–1100
Oberflächenhärte Shore-D	50–60	60–65	68–74	50–65	60–80
Schwindung %	1,7–2,5	1,5–2,0	0,4–0,7	0,3–0,7	0,3–0,7

Als realisierbare Wanddicke sind anzusetzen:
RSG: 5 bis 30 mm (Grenzbereiche 3 bis 5 mm, 30 bis 50 mm)
TSG: 5 bis 20 mm (Grenzbereich 20 bis 30 mm)
Im Zusammenhang mit der Faserverstärkung von TSG-Formteilen ist ein Trend hin zu dünnwandigen Teilen ($s < 5$ mm) zu erkennen.

In zunehmendem Maße erfolgt der Einsatz von Strukturschaumstoffen zur Substitution metallischer Werkstoffe (Al-Guß, Stahlblech) sowie zur Resubstitution dickwandiger Plastformteile (Abb. 20). Mit der RIM-Technologie werden die Zykluszeiten auf 1–2 min. herabgesetzt. Angestrebt wird beim konstruktiven Entwurf eine Verringerung der Anzahl der Einzelteile und Fertigungsstufen bei erweiterten Formgebungsmöglichkeiten. Es sind ausgeführteFormteilmassen von ca. 60 kg bei TSG und ca. 150 kg bei RSG bekannt. Im Zusammenhang mit der zu fertigenden Stückzahl läßt sich einschätzen, daß mit steigender Losgröße die ökonomischen Bedingungen für das TSG- und mit wachsendem Formteilvolumen für das RSG-Verfahren günstiger werden.

Als letzter und gegenwärtig höchsten Grad der Integralbauweise sei auf die Kombination von SMC–PUR–R–RIM verwiesen. Zur Funktionserfüllung handelt es sich um Teile, die ursprünglich als aufgelöste Konstruktion in klassischer Blechausführung realisiert wurden und nunmehr der Integration bei der Werkstoffkombination und dem Elementezusammenschluß unterliegen (Abb. 21). In stofflicher Hinsicht stellt SMC (Sheet molding compound) einen preßfähigen Matrix-Faser-Teilchen-Mischverbund dar, meist auf der Basis von Glasfasern und Kreide. Im speziellen Fall handelt es sich um eine PUR-Matrix

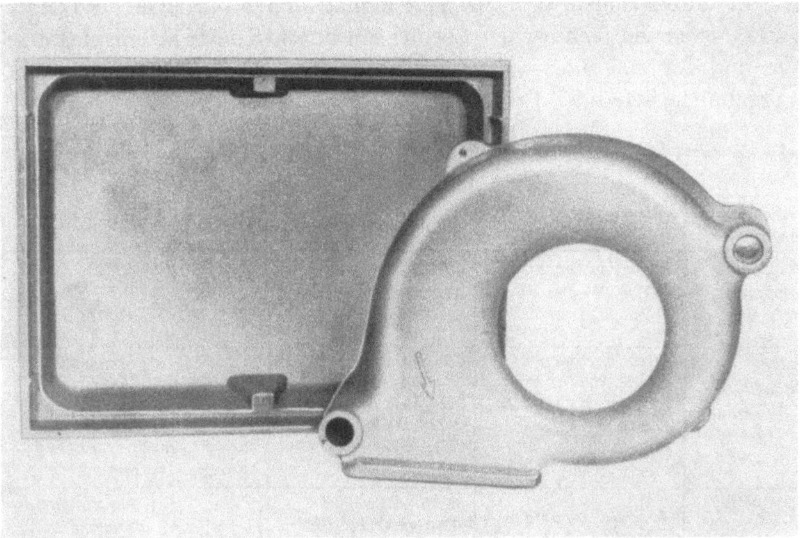

Abb. 20 Integral-Hartschaumkonstruktion für den Hüll- und Stützbereich

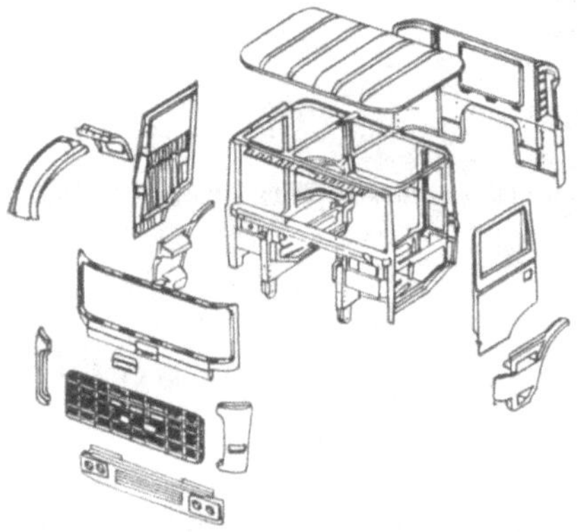

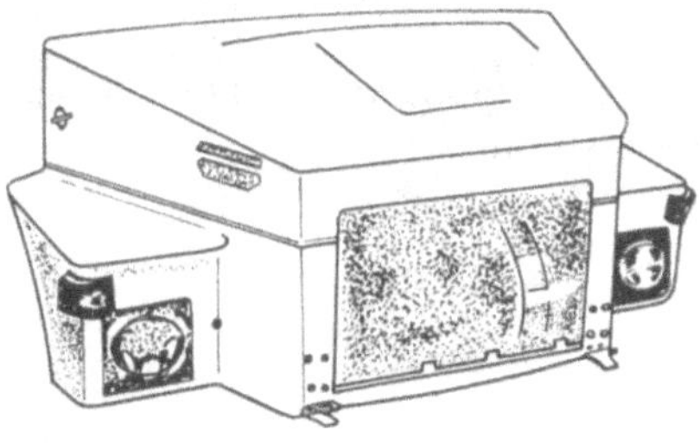

Abb. 21 Stoff- und Bauweisenintegration am Beispiel von LKW- Funktionsgruppen

mit Integralschaumstruktur versetzt mit Kurzfasern und anorganischen körnigen Stoffen [35].

Einsatzbereiche ergeben sich bei leichten, materialökonomischen Teilen im Hüll- und Stützbereich von Maschinen, Anlagen und Fahrzeugen, z.B. bei Kotflügeln, Motorhauben, Autofrontbereichen und kompletten Büromaschinengestellen.

Damit sei unterstrichen, daß die Vereinigung von Funktionen und Materialien zu einer neuen technischen Lösung ein durch Konstruktionsplaste geförderter und für die Konstruktionstechnik (Abb. 22) verallgemeinerungsfähige Ergebnisse liefernder Prozeß ist.

geforderte Teilfunktion	Naturgesetzlicher Effekt	Wirkprinzip	Lösungsprinzip
Wärmeisolation für komplizierte geometrische Strukturen	Dämmvermögen von Gasen	Gasfüllung geschlossenzelliger Schaumstoffe	 Plastmatrix, Treibmittel, $\rho = 80-200\,kg/m^3$
spezifische mechanische Eigenschaften in Vorzugsrichtungen	Mischungsregel, d.h. Werkstoffeigenschaften summieren sich in der Regel im Verhältnis der Volumenanteile	Kombination von orientierten Eigenschaftsträgern mit einer formgebundenen Matrix	 hochfeste Fasern, Rohr unter Innendruck, z.B. Festigkeit von Längs- : Umfangsrichtung = 1:2
ultraleichte Tragwerke	Adhäsionskräfte zwischen Festkörpern	Verbindung von hochwertigen Deckschichten mit biegeweichen Kernen	 Deckschicht, Wabenkern, $\rho = 20-80\,kg/m^3$, Sandwichplatte
Stütz- und therm. Isolierfunktion für geometr. kompliz. Strukturen	gezielter Strukturaufbau durch rezeptive und verfahrenstechnische Maßnahmen sowie Nutzung von Eigenschaft = $f(\rho)$	Formteil oder Element mit einem über dem Querschnitt unterschiedlich ausgebildeten Rohdichte-Sandwicheffekt	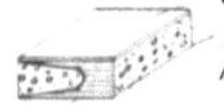 $\rho_R = 1{,}2-0{,}9\,g/cm^3$ massiver Randbereich; ρ, E; quasihomogener Schaumstoffkern $\rho_K \sim 0{,}2-0{,}4\,g/cm^3$

Abb. 22 Methodische Vorgehensweise für die Entwicklung plasttypischer Konstruktionsprinzipien

5. Schlußfolgerungen

1. Bei Konstruktionsplasten ist gegenwärtig eine relativ konsolidierte Position ohne bedeutende Verdrängungserscheinungen zu erkennen. Die prinzipiell auch für die Zukunft gegebene Rohstoffbasis und das günstige Aufwand-Nutzensverhältnis lassen Hochpolymere als vernünftige Alternativ-Konstruktionswerkstoffe in Zeiten erhöhter Energie- und Materialeinsparung ansehen.

2. In konventionellen Applikationsbereichen vollziehen sich künftig wegen der weiter zunehmenden technisch-ökonomischen Bewertungsgrößen parallele Substitutions- und Resubstitutionsprozesse in der Werkstoffgruppe selbst. Eine Rückkehr zu klassischen Materialien findet in der Regel nicht statt. In den jüngeren Disziplinen (Mikroelektronik und Handhabetechnik) ergeben sich für Konstruktionsplaste umfangreiche neue Anwendungsgebiete bei gleichzeitiger Weiterentwicklung der Verarbeitungstechnik.

3. Bei der Typenentwicklung und Anwendung von Konstruktionsplasten sind die bestimmenden Tendenzen der Werkstoff- und Konstruktionstechnik die Verbundbildung und die Bauweisenintegration (Mischverbunde nach projektierten Eigenschaften, konstruktive Neulösungen). Die bestehenden Wünsche nach Erhöhung der zulässigen Einsatztemperaturgrenzen $>250\,°C$ können jedoch nur bedingt realisiert werden.

4. Bisher vernachlässigte wissenschaftliche Gebiete (wie die Fügetechnik und Schadensforschung) sowie einige Applikationsbereiche (Chemieanlagen, Medizintechnik) sollten zielstrebig gefördert werden, damit insgesamt die Vorzüge der makromolekularen Grundstrukturen (Leichtbau, Beständigkeit) auch über die interdisziplinäre Arbeit mit ausgeschöpft werden können.

5. Durch eine Intensivierung der *F/E*-Arbeiten zur Veredlung von großtechnisch hergestellten Polymeren, der Modifizierung für hohe mechanische und tribologische Beanspruchung und verbesserter Verarbeitungsverfahren kann der volkswirtschaftlich effektive Einsatz von hochpolymeren Werkstoffen und die Einsparung von Arbeitsaufwand, Energie und Material weiter verbessert werden.

Literatur

[1] US Standford Res. (in KPZ-Nr. 179, 1979, S. 26).

[2] Keil, G.; Apelt, E.: Wissenschaft u. Fortschritt, 30 (1980) Nr. 5, S. 180 bis 184.

[3] Becker, W.: Swiss. Plastics 2 (1980) Nr. 1/2, S. 95, S. 40.

[4] Menges, G.: 10. Kunststofftechnisches Kolloquium des IVK, Aachen 1980, S. 390.

[5] Knauer, B.; Weissflog, A.: Plaste und Kautschuk 27 (1978) Nr. 5, S. 144 bis 152.

[6] Moser, K.: Bericht 2 – 1981 Institut f. Baustatik und verstärkte Kunststoffe, Innsbruck, S. 7 bis 25.

[7] Knauer, B.: Bericht Fachsektion I, Internationale Konferenz INFERT 1978 Dresden, S. 256.

[8] Knauer, B.: 15. Tagung über verstärkte Kunststoffe, Freudenstadt 1978, 19, S. 1 bis 6.

[9] Lavendel, E.; Eglajs, V.: Problemseminar „Konstruieren mit verstärkten Plasten II", Dresden 1977, Heft 4, S. 87 bis 93.

[10] Скудра, А. М.; Булавс, Ф. Я.: Структурная теория армированных пластиков рита, зинате, 1978.

[11] Тамуж, В. П.; Куксенко, В. С.: Микромеханика разрушения полимерных материалов Рига, зинате, 1978.

[12] Knauer, B.: Problemseminar „Konstruieren mit verstärkten Plasten III", Dresden 1979, Heft 3, S. 3 bis 16.

[13] Knauer, B. (Hrsg.): KDT-Konstruktionshandbuch „Verstärkte Hochpolymere", Dresden 1979.

[14] Schatt, W. (Hrsg.): Pulvermetallurgie, Sinter- und Verbundwerkstoffe, Leipzig, VEB Deutscher Verlag f. Grundstoffindustrie, 1978.

[15] Lauck, L.: Dissertation, Dresden, TU 1979.

[16] Kurz, W.: Dissertation, Dresden, TU 1981.

[17] SKUDRA, A. M.; BULAVS, F. J.; ROCÉNS, K. A.: Zeitstandsverhalten verstärkter Plaste, Leipzig, Deutscher Verlag f. Grundstoffindustrie, 1975.

[18] KNAUER, B.: Plaste und Kautschuk 25 (1976) Nr. 12.

[19] BERGANDER, H.: Plaste und Kautschuk 25 (1978) Nr. 5, S. 287 bis 292.

[20] KNAUER, B. u. Mitarbeiter: Werkstoff- und Bauteilverhalten verstärkter Plaste, Schkopau-Leuna-Dresden, Jahresberichte 1970–1980.

[21] KLOTSCHE, R.: Dissertation, Dresden, TU 1979.

[22] HUNGER, K.: Dissertation, Dresden, TU 1976.

[23] BOGDANZALIEV, K.: Dissertation, Dresden, TU 1976.

[24] FLEISCHER, F.; GRÖGER, H.; THUN, H.: Verschleiß und Zuverlässigkeit, Berlin, Verlag Technik, 1980.

[25] KRAGELSKI, I. W.: Reibung und Verschleiß, Berlin, Verlag Technik 1971.

[26] THOMAS, W.: Berichtsband z. 9. Tribotechnischen Kolloquium, Magdeburg, TH, 1977.

[27] KUNZE, K.; KNAUER, B.: Problemseminar „Konstruieren mit verstärkten Plasten II“ Dresden 1977, Heft 4, S. 155 bis 170.

[28] OBERBACH, K.: Kunststoff-Kennwerte für Konstrukteure, Carl Hanser Verlag München–Wien, 1980.

[29] CARLOWITZ, B.: Thermoplastische Kunststoffe, Zechner u. Hüthig Verlag, GmbH. Speyer, 1980.

[30] EHRENSTEIN, G. W.: Glasfaserverstärkte Kunststoffe, Expertverlag Grafenau, 1980.

[31] KALISKE, G.: Simplast 79, Bd. 2, Warschau 1979, S. 329 bis 338.

[32] PUCK, A.: Kunststoffe 57 (1967), Heft 7 und 12.

[33] WIEDEMANN, J.: 6. Tagung Verstärkte Plaste, Dresden, 1976, S. 3 bis 29.

[34] PFEFFERKORN, W.: Problemseminar „Konstruieren mit verstärkten Plasten III“, Dresden 1979, Heft 3, S. 17 bis 25.

[35] ZAHN, E.: 16. Tagung über verstärkte Kunststoffe, Freudenstadt 1980, S. 1 bis 4.

Abkürzungsverzeichnis

BFP	Borfaserverstärkte Plaste
BMC	Bulk-Molding-Compound = teigförmige Faserformmassen = Premix
CA	Celluloseacetat
CAB	Celluloseacetobutyrat
DSP	Diskontinuierliche Schnellpolymerisation von PA6
FEP	Perfluorethylenpropylen
GEP	Glasfaserverstärkte Epoxidharze
GFP	Glasfaserverstärkte Plaste
GUP	Glasfaserverstärkte ungesättigte Polyester
GMT	Glasmattenverstärkte Thermoplaste
IMU	In-Mould-Coating = Beschichtungen bei BMC und SMC
KFP	Kohlenstoffaserverstärkte Plaste
KSP	Kontinuierliche Schnellpolymerisation von PA6
LP	LOW-Profile = schwindungsarme Faserformmassensysteme für 0,05–0% Schwindung
PA-GF	Glasfaserverstärktes Polyamid
PEC	Chloriertes Polyethylen
PPS	Polypropylensulfid
PPSU	Polypropylensulfon
PVCC	Nachchloriertes Polyvinylchlorid
PVDC	Polyvinylidenchlorid
PVDF	Polyvinyldenfluorid (PVF)
RIM	Reaction Injection Molding (vgl. RSG)
R-RIM	Reinforced — Reaction Injection Molding = Verfahren zur Herstellung faserverstärkter Struktur- bzw. Integralschäume
RSG	Reaktions-Schaumgieß-Verfahren für Struktur- bzw. Integralschaum
SDP	Stahldrahtverstärkte Plaste
SMC	Sheet-Molding-Compound = flächige Faserformmasse (Harzmatte) = Prepreg
TSG	Thermoplast-Schaumgieß-Verfahren für Struktur- bzw. Integralschaum
VPE	Vernetztes Polyethylen

ISSN 0138-3956

FSC
www.fsc.org
MIX
Papier | Fördert
gute Waldnutzung
FSC® C083411

Kolibri 360 GmbH
Ferdinand-Jühlke-Straße 7
99095 Erfurt, Deutschland
produktsicherheit@kolibri360.de